気象予報士 かんたん合格ガイド

気象予報士
財目かおり・気象予報士
中島俊夫 著

技術評論社

ご購入・ご利用の前に必ずお読みください

- 著者、出版社および関係者は、本書の使用による気象予報士試験の合格を保証するものではありません。あらかじめご了承ください。
- 本書中の衛星画像・天気図は、気象庁より提供を受けています。
- 本書中の気象予報士試験の過去問題は、一般財団法人 気象業務支援センターより提供を受けています。なお、解答・解説については、著者独自の解釈によるものです。
- 本書に対するご質問、お問い合わせは、FAX・書面または弊社のホームページよりお願いいたします。電話でのご質問やお問い合わせには、お答えできませんので、あらかじめご了承ください。
- ご質問は本書の内容に限らせていただきます。本書の内容を超えるご質問、「書籍の内容をさらに詳細に解説してほしい」等のご要望、個人指導と思われるご質問にはお答えできませんので、あらかじめご了承ください。
- ご質問の回答にはお時間をいただくこともありますので、あらかじめご了承ください。
- 本書は、2022年12月末日現在の情報で編集しています。その後、変更される場合もございますので、気象庁や一般財団法人 気象業務支援センター等の発表を適宜ご確認ください。
- 本書に記載されている試験についての情報は、変更になる可能性があります。受験される方は必ず一般財団法人 気象業務支援センターにお問い合わせください。

〒101-0054　東京都千代田区神田錦町3-17 東ネンビル
一般財団法人　気象業務支援センター
電話：03-5281-3664
http://www.jmbsc.or.jp/jp/

はじめに

気象予報士試験に『できれば早く』合格したいなぁ。そう思っていますよね？　この本は、そんなあなたのために書きました。

私が気象予報士試験にチャレンジしていた頃、合格に必要だと感じた情報をギュギュっとまとめたのが、この一冊なのです。参考書とはちょっと毛色が違う本ですが、合格までをサポートするガイド役として、きっとあなたのお役に立てると思います。

実は、この本が形になるまで何年もかかってしまいました。前著『気象予報士かんたん合格ノート』（2009）は、多くの受験生に長く必要として頂き、「この本が実技試験のハードルを下げてくれました。」「合格まで常に手元に置いていました。」など嬉しい声が沢山届いていました。そこで、変更点を加筆訂正し、例題を最近のものに差し替えて、新しい一冊にすることにしたのです。

ところが、過去問題を地道に選定している間に、なんと大病を患ってしまいました。突然、命の期限を突き付けられたものの、正直『やりたいことはやった。楽しい人生だったな。』なんて思えたのですが、ひとつだけ『守れなかった約束がある』そう思いました。それが、この本を世に出すことだったのです。

入退院と手術を繰り返す中で筆が進まず、一度は諦めかけましたが、どうしても待っている人がいる気がしてなりませんでした。そこで、気象予報士仲間の中島俊夫さんに、最新情報や変更点のチェック、問題の解説などをお願いすることにしたのです。「これは受験生にとって必要な本です！」と快く引き受けてくださったこと、感謝の気持ちでいっぱいです。根気強く原稿を待ってくださった技術評論社の遠藤利幸さん、編集を担当して下さった佐藤民子さんにも心からお礼を申し上げます。

というわけで、この本をあなたにお届けできることを、今とても嬉しく思っています。どうぞ、この子を合格まで使い倒してやってください。スタートダッシュにつまずいたとき、合格にあと一歩届かないときなどなど、どんなステージの受験生にとっても必要な情報が詰まっていますから。

気象予報士試験は難関と言われていますが、実は努力次第で手が届く試験です。わたしたちと一緒にコツコツ積み重ねて、合格を手にしましょう！

2023 年 1 月　　財目かおり

第1章

気象予報士試験について知っておこう

ここでは、気象予報士試験の概要についてお伝えします。
どんな試験なの？　と思っている方、受験を検討されている方、または、チャレンジしてみたいけれど難しそうと迷っている方。まずは、ここを読んでみてください！

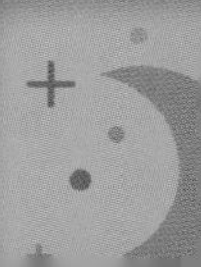

1-1

気象予報士試験とは

1 どのような試験なの？

まずは、気象予報士試験について知りたいですよね。試験の概要についてお伝えします。

国家資格です

気象予報士とは、天気の解析や予想をする能力を持つ、気象の専門家です。平成6年から実施されている試験で、一回の試験に3,000～5,000人の受験生がチャレンジしている人気の国家資格です。

合格率は4～5%

これまでの試験の合格率は、4～5%と狭き門となっています。この合格率の低さから、世間では難関試験といわれています。2018年の夏には、記念すべき第50回の試験が行われ、2022年現在、すでに1万人を超える気象予報士が誕生しています。

試験は年に2回

気象予報士試験は、年に2回のペースで実施されています。夏（8月）と冬（1月）に行われ、マークシート方式の学科2科目と、筆記の実技試験があります。

①受験資格

年齢や学歴などの制限はなく、だれでも受験できます。最年少の気象予報士は、2022年現在、小学校6年生（11年11か月）です。

②試験地

北海道、宮城県、東京都、大阪府、福岡県、沖縄県の6都道府県

③科目

- 予報業務に関する一般知識　多岐選択式（マークシート）15問
- 予報業務に関する専門知識　多岐選択式（マークシート）15問
- 実技試験1、および実技試験2　記述式

実技試験の壁は高い

気象予報士試験では、この実技試験というステップが、なかなかのハードルとなるようです。受験生の間では、『実技試験の壁』と呼ばれています。学科試験はマークシート方式で気象学の基礎について問われ、いったん合格をすると、1年間はその科目の試験を免除される形式となっています。ですから、一般知識、専門知識と、一つずつクリアしていけば、学科の2科目は、なんとかなる方も多いようです。

しかし、その先に待ち構える実技試験を突破できずに苦労される方が多いのです。先ほどお伝えした、実技の壁です。この実技試験は、記述式で、実際に天気図の解析をしたり、予想を行ったりします。そのため、専門的な知識や技術が必要で、学科試験に合格された方の8割が、この実技試験で不合格となってしまうのです。だからといって、数字が物語るほど、とてつもなく難解かといえば、そうではありません。一つひとつ、知識と経験を積み重ねていけば大丈夫。毎回4～5%の方々が合格を手にされているわけですから、自分がそこに入ると決めて、ぜひチャレンジしてみてくださいね。

受験資料はホームページで

試験の案内書や、申込方法など、くわしくは、気象業務支援センターのホームページで入手できます。

●気象業務支援センターホームページ
http://www.jmbsc.or.jp/jp/

受験資料は、必ず最新のものを入手してください。少しずつ変更点があったりしますので、試験ごとに、必ず新しい資料をダウンロードして確認しましょう。

試験手数料について

かかる費用は、全科目を受験すると11,400円。学科試験のうち1科目が免除であれば、10,400円、学科試験の2科目が免除の方は9,400円です。かつては、免除の有無にかかわらず、試験手数料が一定でしたが、最近は受験生に少し優しくなりました（とはいえ、受験回数を重ねると費用もかさみますので、効率よく合格をめざしたいところです）。

各期限にご注意を

受験を申請する期間や、試験手数料の納入期間など、各期限には、くれぐれもご注意ください。これが、意外と短くて、かつ期間厳守なのです。私の大切な受験仲間は、学科2科目が免除で、次は実技のみのチャレンジ！　という絶好のチャンスに、うっかり期限切れで申請の機会を逃してしまいました。

ガッツあるその友人は、その後また全科目を受験して合格し、のちに共に仕事をする仲間となりましたが、あのときは本当に、自分のことのようにショックを受けました。みなさん、ぜひ気をつけてください。

試験の時間割が変わることも

試験当日の時間割は、気象予報士試験がスタートしてからずっと同じでしたが、平成28年度第2回の試験からは、時間割が変更になりました。スタート時間が早まり、休憩時間が30分と、少し長くなったのです。はじめて受験される方にとっては、あまり関係のない話かもしれませんが、試験を受け続けている方や何年かお休みしてから再チャレンジされる方などには、少し戸惑う変更点だったようです。

休憩時間が長くなったことで、受験生同士の「あの問題の答え何だった？」など、聞きたくない会話を耳にする機会が増えてしまったり、休憩時間に暗記しようと思って持参した資料の量が少なかったりなど、受験生にとっても少なからず影響があったようです。細かいことのようですが、受験生はこうした変更点にもきちんと意識を向けておくことが大切です。かつての時間割では、昼食を外食される方もいましたが、昼休憩が一時間と短くなっているので、今は、おにぎりなどを持ち込むほうが安心かもしれません。

2 合格まで

一発合格は、ごくわずか

気象予報士試験は、3～5回の受験で合格される方が多いようです。先ほどもお伝えしたように、学科試験をクリアすると1年間の免除が受けられるため、その後、実技試験に向けて集中するなど、段階を追ってチャレンジされる方が多いのです。マークシート方式の学科試験に比べると、記述式の実技試験の壁を超えられずに、受験回数を重ねてしまう方が多いので、一回目のチャレンジでの合格、つまり一発合格される方は、ごくわずか。何年にもわたって受験しつづけて、合格を手にされる方が多いため、合格祝賀会などにいくと、「何回で合格しましたか？」という会話が、あちらこちらで交わされています。

合格までのパターン

次ページ表のパターン1のように、1回目の受験で学科一般を、2回目で学科専門を、そして学科免除の状態で実技合格を目指すのが効率のよいパターンといえるでしょう。中には、1回目の試験ですべて合格する人もいますが、合格者のうちの1%未満のようで、あまり現実的な目標とはいえません。パターン2や3のように、2回目の受験で合格される方もいますが、それでも、かなりトントン拍子といえそうです。先ほどもお伝えしましたが、平均的には3回から5回程度の受験で、合格される方が多いようです。

免除期間は1年

学科試験に合格した人は、申請によって合格発表日から1年以内に行われる学科試験が免除されます。この免除期間を有効に使いたいですね。あまり時間をかけすぎてしまうと、学科試験の免除期間が切れてしまい、振り出しに戻ってしまいます。パターン4のように、一度合格した学科試験に、再度チャレンジする必要がでてくるのです。実技試験の採点は、学科の2科目にすでに合格しているか、合格点に達している人のみが対象となるので、学科を1科目でも落としてしまうと、実技試験に手ごたえを感じたとしても、合格を手にすることはできません。そんなわけで5回6回と続けて受験をされる方も相当数いるようです。

▼合格までの受験パターン

		1回目	2回目	3回目	4回目
パターン1	一般知識	○	免除	免除	
	専門知識	×	○	免除	
	実技	×	×	合格！	
パターン2	一般知識	○	免除		
	専門知識	○	免除		
	実技	×	合格！		
パターン3	一般知識	○	免除		
	専門知識	×	○		
	実技	×	合格！		
パターン4	一般知識	○	免除	免除	○
	専門知識	○	免除	免除	○
	実技	×	×	×	合格！

○：合格　×：不合格

3 ゴールを設定しよう

目安は600時間

気象予報士試験合格までのおおよその学習時間は、ざっくり600～1,000時間程度が目安といわれています。効率よく学習を進めて、目安よりさらに短い時間の積み重ねで合格される方もいます。試験に向かってスタートをきる際には、先ほどお伝えした合格までのパターンも考慮しつつ、まず、ゴールを決めましょう。「○月○日の試験で合格！」と明確なゴールを設定します。

勉強を始めたばかりの方と再チャレンジ組では、やりたいこと、やるべきことに差があるため、ゴールの設定も、もちろん異なったものになるでしょうし、学生なのか、社会人なのか、主婦なのか、毎日どれだけの勉強時間を確保できるかなどなど、それぞれの条件によっても、それぞれのゴール設定があるでしょう。ただ、「いつか合格できればいいや」ではなく、「いつの試験で合格！」と、目標をしっかりセットしましょう。

合格基準は？

ゴール設定には、個人差があったとしても、全員に共通して必要なことがあります。それは、合格のレベルを超える力をつけることです。試験の回ごとに、若干の調整がありますが、おおよその合格基準、ボーダーラインというのがあります。学科試験の場合は、15問の出題中、およそ11問正解すると合格。実技試験は、およそ70%の正解率で合格です。

過去問研究は早いうちから

気象予報士試験の合格をめざすというのは、そのボーダーラインを超えればよいということですね（満点をめざしているわけではありません）。ですから、まずは合格基準のレベルと自分の現在の実力とのギャップを把握することが大切です。はじめての受験の方は、早い段階で過去問題に出会ってください。マラソンのコースを研究するように、ゴールまでの最短距離を知るには、過去問題を研究することが必要です。どのようなアウトプットが求められるのか、どのレベルまでのインプットが必要なのかを、早いうちに知っておきましょう。

最初は、チンプンカンプンかもしれません。それでもいいのです。全体の雰囲気と、試験と自分との距離感やギャップをつかむだけで十分です。解答、解説にも、一通り目を通しましょう。そしてここで一番大切なのが、チンプンカンプンでもへこまないこと。かつての私もそうでしたし、今や受験生達を指導している私の友人達も、「はじめは全く理解できなかった」と口をそろえて言っています。とにかく専門用語が多いですからね。でも、一つひとつ積み重ねれば大丈夫。

さぁ、ゴールを設定したら、効率を上げて合格までの最短距離を目指していきますよ！

1-2 具体的に計画を立てよう

1 ゴールから逆算する

まず、おおまかな長期計画を

ゴールを設定したら、そこから逆算して計画を立てていきます。照準を合わせた試験日の1か月前までに全範囲に目を通したいところです。試験直前の1か月は、復習や弱点補強など、おそらくやりたいことが山積みになるはずです。ですから1か月の余裕をみて、長期計画表を作ることをおすすめします。

やみくもに勉強を始めては、目標設定日までに間に合わないということも考えられます。また、計画をせずに勉強を進めていると、あれもこれもと手を広げすぎたり、細部にこだわりすぎて効率よく進めなかったりと、さまざまな落とし穴にはまってしまいます。私の場合、テキストの1ページ目ばかりを、何度もみっちりやってしまって、なかなか前に進めなかったり、「どんな問題が出ても答えてみせるぞ」と、細かな知識を詰め込むことに躍起になったりと、いろんな無駄を重ねてしまいました。でも、それで試験に合格できるわけではありませんでした。

おおまかな長期計画があると、そんなワナにはまらずに効率よく進めます。

長期計画は修正しない

長期計画を立てる際は、気象予報士の資格取得のための、通学講座や通信講座の日程表などが、ペース配分の良い参考になることがあります。そもそも、初学者の場合は特に、計画を立てるにも何をどこから始めてよいのか、わかりませんよね。全くの地図がないような状態です。

でも、インターネットで、いくつかの講座のスケジュール計画表などを見比べていただくと、おぼろげながら道順が見えてくると思います。どのペースで何をインプットしていくと到着できそうだなと、ゴールまでのイメージができると思います。ぜひ、自分でセットしたゴール目標と照らし合わせて、ゴールからの逆算で、おおまかな長期計画を立ててみてください。

そして、この長期計画は、修正しないほうがいいですよ。書き直すことなく、守っていくことをおすすめします。

短期計画はこまめに修正

一方で、短期計画は、こまめに修正することをおすすめします。つまり、計画表は、大筋の長期計画と、こまめに軌道修正する短期計画の2本立てです。

私の場合、短期計画は、1週間ごとに作っていました。土曜、日曜を休息日や予備日として、1週間にやるべきこと、やりたいことを、ウィークデーに割り振っていく方法です。長期計画から短期に、具体的に落とし込んでいくということですね。短期計画のほうは、トライ＆エラーを反映させながら、効率をアップさせていくイメージでした。

2 計画を実行するコツ

予備日を作る

「計画を立てても守れないから…」という声も聞こえてきそうですが、計画を守れないというのは、クッションがないことも原因だったりするようです。予期せぬ予定が入ったり、勉強の場合は、仕事の予定などと違って、思わぬところでつまずいて理解が進まなかったりと、突発的なことが起こるものです。ですから、計画には、あらかじめ、その分も考えておくといいですね。

修正しない長期計画と、ゆとりをもたせた短期計画の合わせ技です。短期計画は週ごとにペース配分をしなおせばよいのです。よほど強靭な精神力の持ち主でない限り、100%計画通りに勉強できるなんてことはありえません。あらかじめ予備日を設定したりするぐらいでちょうどよいのです。

繰り返しますが、短期計画を立てる際は、細かく計画しすぎず、必ず予備日（クッション）を作っておきましょう。

基礎を積み重ねる

そして、計画の中身ですが、とにかく基礎に重点をおきましょう。実際、気象予報士試験も回を重ねてきたので、多くの過去問題に触れることができるようになりました。それらを見て思うのは、出題されている問題のほとんどが、定番ともいえる基本的な問題だということです。合格は、基礎をしっかりと積み重ねていくのが近道といえそうです。そのことをしっかりとふまえつつ、短期計画を立てましょう。

時には勉強の時間帯や方法、場所を変える

計画をしっかりと立てたら、計画→実行→改善・修正を繰り返して、どんどん前に進みます。改善・修正では、「何をどこまで」というだけなく、「いつ誰とどうやって」というのも、実はとても大切だったりします。計画どおりに進まないときは、勉強内容そのものを変えてみたりするのも一つですが、加えて、勉強する時間帯を変えてみたり、方法を変えてみたり、場所を変えてみたりするのも、おすすめです。一人で勉強してみたり、仲間と一緒に勉強してみたり、思いつくことはどんどん試してみればいいと思います。びっくりするほど、集中力に違いがでたりします。

私の勉強が飛躍的に進むようになった転機は、何度かあったのですが、生活リズムそのものを変えたとき、仲間と出会って定期的に勉強会をするようになったときなどが、加速の度合いが大きかったです。また、計画を立てることも、守ることも、優先順位を決めたり、修正したり、新しい工夫をしたりすることも、少しずつ上達していきました。短期計画は、そうやって、修正を加えながら、1週間単位（長くても数週間単位）ぐらいで作りつつ繰り返してみてください。

とにかく、歩き続けることができるように、トライ＆エラー。合格にむけての最短距離を探しながら前進をするイメージで、合格に向けて効果的な習慣を作り出すことが、ゴールへの近道だと思います。そして何度もいいますが、積み重ねていく内容は、とにかく基礎知識です。

完璧を目指さない

気象予報士試験の場合、過去に出題された問題の中には、グレー問題も含まれています。専門家の間でも、解答例を正しいといい切れないなど、意見が分かれる問題です。こういった点は、気象予報士試験特有かもしれませんね。

気象は、予報技術も含めて進化や変化する世界であり、はっきりと断言できない世界でもあるため、専門家が受験したとしても、100点満点を取るのは難しい試験です。私は一時期、こういったグレー問題に出会うたび、躍起になってその部分にこだわっていましたが、他にすべきことがあったな、と今になって思います。計画を立てて、効率の悪い勉強をしてしまう罠から、自分を救いましょう。

そしてまた、計画を作り込みすぎることも、やめましょう。勉強の効率を上げるための作業が、勉強時間を侵食しすぎては意味がありませんからね。

「試験合格レベルを超える最短距離コースはどこか」を常に考えながら、計画を立てて、効率よく前進してください。完璧を目指さず、とにかく継続です。

アプリやSNSを活用

最近は、学習計画を立てたり、学習時間を記録したりすることができる、さまざまなアプリがありますね。上手に利用されるといいと思います。SNSでも同じ目標を持った人同士のグループがあったり、いろいろなツールが活用できたりと、学習しやすい環境が整っています。計画を実行する際のサポート役として、使ってみるのもおすすめです。

私も、この本を改訂するにあたって、再度勉強をするために、いろいろなツールを使ってみました。「私が受験生のときにあったらなぁ」と思うサービスもあったり、全国各地の受験生とコミュニケーションがとれるものがあったり。楽しみながら進めるためにも、モチベーションをキープするためにも、「効果的だなぁ」と感じるツールがいくつかありました。

電車での移動など、ちょっとした隙間時間に、天気記号を覚えられるアプリもありますし、暗記したい言葉をランダムに表示してくれるアプリもあります。覚えたい用語を手書きして、スマホで読み取ると、カード形式にしてくれる文房具などもあります。

使えるものは、何でも使って、合格を手にしてください。工夫次第でいくらでも、時間を味方にしたり、仲間を作ったりできます。だれかと共に合格を目指すのもいいものですし、共に合格して喜びを共有するのも幸せなことですよ。

この本を書いている間にも、アプリで交流していた受験生が、勉強を教えて欲しいと、直接会いにきてくれたことがありました。みなさんにも、新しい仲間との出会いがあるかもしれませんね。

3 なぜ気象予報士を目指すのか、考えてみる

天気はスマホで確認できる時代になった

さて、SNSやアプリの話になったので、2022年現在、感じていることをお話ししておこうと思います。私が気象予報士になった頃は、まだスマートフォンというものがありませんでした。でも、最近は、誰もがいつでもさまざまな情報にアクセスできますよね。それこそ、天気予報も細かくピンポイントで、携帯で確認できる時代です。雨雲もリアルタイムで確認ができます。そんな環境なので、「この時代やこれから先に、気象予報士は必要なの？」という声を、ときどき聞くようになりました。

気象予報士だからこそできることがある

私も気象予報士の勉強をしたり、現場での経験を積んだりするまでは、気象庁と気象予報士の、それぞれの役割があまりわかっていなかったのですが、今なら、気象予報士だからこそできることも沢山あることがわかります。

気象庁から発表される、文字や数字だけでは、伝えられない部分を、気象予報士が補うことが多いのです。気象予報士はより生活者に近い立場で解説を加えていきます。「曇り」という予報一つをとっても、その裏に、雨が降る可能性がどのくらい潜んでいるのか。「雨」といっても、しとしと降り続くのか、ザっと強く降るのか、風をともなうのか、大きな傘が必要なのか、折り畳み傘で十分なのか。具体例をあげればきりがありませんが、要するに、生活者や企業などの細かなニーズにこたえていくのが気象予報士です。携帯の情報だけではキャッチしきれない情報は膨大にあるということです。ですから、気象予報士だからできることは、山のようにあるのです。

何のために？ —— 自分と向き合おう

ここで、いったん、みなさんに質問したいと思います。

「何のために、気象予報士になりたいのですか？」

ゴールを決めて走り出そうというときに、いったい何だと思われるかもしれませんが、受験は長丁場です。この、「何のために」という目的が、モチベーションをキープするのに、とても大切だったりします。「沢山の人の命を守りたいから」「お天気が好きで極めたいから」「防災にかかわる仕事がしたいから」「パイロットだから」「キャスターになりたいから」「趣味の山登りや釣りに生かしたいから」などなど、目的はさまざまだと思います。ぜひ、勉強をスタートする前に、何のために気象予報士になりたいのか、ご自身と向き合ってみてくださいね。きっと、壁にぶつかって苦しいときが訪れたとしても、継続するパワーになると思います。

この、「何のため」がしっかりとした軸になっていると、同じ気象の勉強をしていても見ているものが違っていたりします。

「気象予報士試験に合格するために勉強しているんだ」

「気象予報士になったときに、現場で必要だから覚えているんだ」

「気象予報士になって、人々の命を守りたいんだ」

それぞれの胸の中に「何のために」という軸があると、気象予報士をとりまく社会や環境がどう変わったとしても、ぶれずに進むための羅針盤や灯台となります。ぜひ、自分の手元だけではなく、未来もイメージしながら、進んでいってください。自分の夢をしっかりと描けると、気象予報士となった自分を想像しながら、気持ちが高まった状態で学習を進めることができますよ。

飽和状態？ —— 新しい力は常に求められている

そして、スタートの前に心配の種も解消しておきましょう。最近では、すでに気象予報士は1万人を超えているために、「もう気象予報士も飽和状態なのでは？」と心配している受験生の声も聞こえてきます。「これから、多くの勉強時間を費やすだけの価値があるのか？」ということですね。

これは私個人の感覚かもしれませんが、1万人を超えたからといって飽和状態ということはありません。むしろ、現場では常に新しい力を求めています。気象予報士に合格されてからも、気象関係の仕事に携わっている人は3割にも満たないとされていて、多くの気象予報士が、趣味のために取得されていたりするようです。それも、十分価値のあることだと思います。

そして近い将来、（私の勝手な憶測ですが）各自治体に気象予報士が配置される時代がくるかもしれませんし、ますます気象情報の利用者のニーズは多種多様になっていくでしょうから、活躍の場は広がると私は思っています。こうして、この本を読んでくださっているあなたは、何かしら理由や興味があって、チャレンジしたい気持ちがあるから、この本を手にとってくださっているんですよね。その気持ちを大切にして、ぜひ挑戦してみてください。何より気象の勉強は、あなたの世界を豊かにしてくれると思います。何気ない毎日を、違う角度から眺めることができるようになりますから。

気象予報士仲間として、いつかあなたにお会いできることを楽しみにしています。

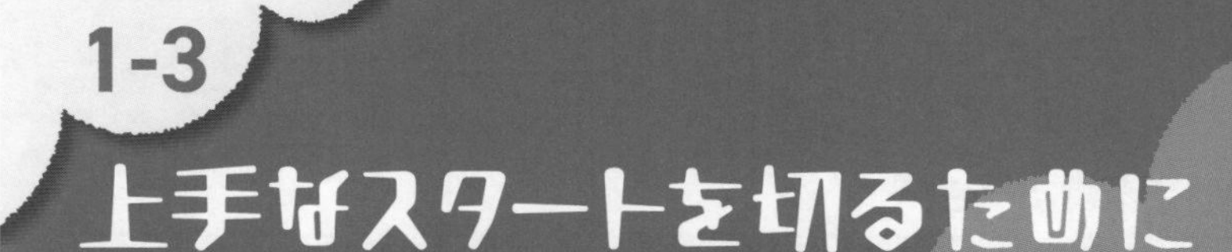

1-3 上手なスタートを切るために

1 数学・物理は必要？

ひるまない

さぁ、ゴールもセットして、計画も立てて、頑張る理由もハッキリしたら、あとは足を一歩前に出すだけですよね。

でも、「気象の分野なら、昔から興味があるから大丈夫だろう」「昔、自分でラジオ通報聞きながら天気図書いたことあるぞ」という気持ちで気象予報士試験の受験を決めたのに、テキストを開いてこんな数式が並んでいたら、ギョッとしませんか？　テキストを手に取った段階で、気持ちが萎えてしまう方が、けっこういたりするんですよね。あまりにチンプンカンプンで、勉強するのをやめてしまう方も。たとえばテキストに、こんな数式が並んでいるのです。

▼オメガ方程式

$$S\nabla^2\varpi + f_0^2\frac{\partial^2\varpi}{\partial p^2} = f_0\frac{\partial}{\partial p}\{v_g\cdot\nabla(\zeta+f)\} + \nabla^2\left[v_g\cdot\nabla\left\{-\frac{\partial\phi}{\partial p}\right\}\right] - \nabla^2 dQ/dt$$

でも、ひるまなくても大丈夫。数式が何を意味しているのか、日本語で理解すれば十分です。

用語解説　**オメガ方程式**

鉛直p速度ω（オメガ）を求める方程式。空気塊の気圧の時間変化率を表し、大きな高気圧の中心付近で正の値を示す。

数学と物理を復習すべき？

また、受験対策の本の多くには、「気象の勉強をスタートする前に、高校卒業から大学一般教養課程ぐらいの数学と物理学を復習すべき」と書かれていたりします。

しかし、恥ずかしながら私の場合、数学・物理に弱いまま気象予報士試験に合格してしまいましたし、気象会社の現場で働いていても、数学･物理が必要になって困ったことは一度もありませんでした。

専門家の先生方からお叱りを受けそうですが、私は、「気象学の勉強をスタートする前に、数学･物理学をクリアしなければ、気象予報士試験に合格できない」とは思いません。むしろ、気象の分野に入る前に多大なエネルギーを消耗し、時間のロスだと思います。理系に強く、ザッと見直せば勘が戻るという方なら、「急がば回れ」で逆に近道になるのかもしれませんが、文系で「復習どころか、数学・物理なんてゼロからのスタートだよ」などという方は、はるかな遠回りになってしまいます。

スタートラインは同じ

とにかく、難関試験といわれていますが、「世間の評判ほど難解ではない」と私は思います。英語や数学などの試験であれば、かなりさかのぼって勉強しなければならず、スタートラインで大きな差がついていることも多いでしょうが、気象予報士試験に関しては、新しいことを学ぶので、受験生のスタートラインは、ほぼ同じといっていいと思います。合格までにカバーすべき範囲を考えた場合、どなたにもチャンスがある試験といえます。実際、小学生も合格されています。最初の取っ掛かりの段階で打ちひしがれた方も、全然心配はいりません。私もその一人でしたから。

2 まずは、気象学の全体像を

わからないところは飛ばそう

私のようにテキストを見てチンプンカンプンだった方は、数式だけを見てアレルギー症状を起こす前に、気象学の全体像を把握しましょう。よいのです。最初の段階でわからないところは、すっ飛ばしても。全体としての流れを把握したあとであれば、数学や物理の中でも、気象に関係する箇所はほんの一部に限られていることがわかってきます。気象学全体の感覚をつかんでから「やっぱり三角関数ぐらいは知っていないと」「対数と指数って何だっけ」と必要な項目だけをさかのぼれば、エネルギーのロスも少ないうえに、数式の理解も早いと思います。

数式を日本語で理解

そして全体像はつかめたけれど、やっぱり理系科目だけは絶対無理という方は、数学・物理は潔く諦めて、よく出てくる重要な数式を日本語で理解するようにしましょう。たとえば、23ページに出てきたオメガ方程式の右の項は、「渦度移流の鉛直シヤー ＋ 温度移流 － 非断熱効果」というように日本語に置き換えます。

数式の持つ意味を理解するだけでも、立派な「理解」です。最初はそれで十分。徹底的に日本語に訳して理解です。

以前、微分方程式がそのまま出題されたこともありました。数式を理解できていたほうが合格に有利かもしれませんが、だからといって、最初にすべき最優先事項ではないと思います。どうぞ、数式を見ただけで尻込みすることなく、ひるまずに、気象学の学習をどんどん進めてくださいね。

1-4 どこまでやればいいの？

1 目安は、とにもかくにも過去問題

初学者でも過去問題を

よく耳にするのが、「ある程度知識を詰め込んでから、力試しに過去問題を解いてみたい」という声です。しかし、気象予報士には、合格してからも覚えたいことや積みたい経験が山ほどありますし、気象予報士試験そのものは、基礎を問われる試験です。ほんの一足先に、この世界を歩いてきた私としては、効率よく知識と経験を積み重ねて、とっとと合格したほうがいいと思っています。

そこでおすすめしているのは、次のようなステップです。

▼おすすめの学習ステップ

Step1 手持ちの参考書で各単元を学ぶ
Step2 学習した内容に対応する過去問題を解いてみる
Step3 知識の足りない部分を再度学習する

この繰り返しが、最も効率のよい方法といえそうです。

過去問題は何回解けばいい？

これまたよく受けるのが、「過去問題は、何回解いたらいいですか？」という質問です。私は、かつては「わかりません」とお答えしていました。「何回」と決めることは、とてもおかしなことだと思っていたからです。実力には必ず個人差があるのですから。

しかし、合格者の声の中で多いのは、過去5年分くらいを3回程度という声で

あるというのも、一つの事実です。参考にしていただければと思います。

何度もいいますが、個人差があるみなさんに共通していえることは、「やるべきことは、試験合格レベルを超えること！」。回数は一つの目安。大切なのは、ボーダーラインを超える力がつくまで積み重ねるということです。

満点を目指さない

試験合格のレベルと自分の現在の実力に、どれだけの開き、ギャップがあるのかを常に把握して、そのギャップを埋める作業をするのが受験勉強です。満点を目指しているわけではありません。合格レベルを目指すのが受験勉強です。

ですから、むやみやたらに専門的な細かい知識を増やしたり、すでにできる過去問題も、「目安は3回」といわれているからと生真面目に3回やったりする必要はありません。もうできるのなら何度も繰り返す必要はなく、試験合格レベルに達していないのであれば何度でも必要というわけで、1、2回で大丈夫な方もいれば、5回でも6回でもダメな方もいるでしょう。

2 進捗状況を把握しよう

チェック表を作ろう

そこで必要なのは、チェック表です。過去問題を解いたら、どの項目の問題を正解できて、どこを間違えたのか、チェックしておきましょう。

▼チェック表の例（例：一般知識）

問＼試験	58	57	56	55	……
1	○	×			
2	×	○			
3	○	○			
4	○	○			
5	○	○			
6	○	○			
7	×	○			
8	○	○			
9	×	×			
10	○	○			
11	○	○			
12	○	○			
13	○	○			
14	×	×			
15	○	○			
得点	11	12			

また、実技試験などチェック表が作りにくい場合は、蛍光ペンを活用するのもいいかもしれません。1回目間違えたらピッと青色を、2回目も間違えたら黄色で、3回目は赤で…などと印をしていけば、弱点が浮かび上がります。蛍光ペンなど色を使いたくない場合は、1回目⧅、2回目⊠、3回目■など、自分流にわかる印をつければよいのです。方法はなんでも。とにかく、どこまでやればよいのかは、試験合格レベルを超えるところまで！

さぁ、合格目指して頑張りましょう！

第2章
勉強の「質」を高めるお役立ち勉強法

ここでは、気象予報士試験に合格するために、知っておくと役に立つ勉強法についてお伝えします。合格までの最短距離を進むためのコツを、まとめてみました。具体的な学習にすぐに入りたい方は、第3章へ進んでいただいても構いません。その場合、第2章は、学習の合間にでも、息抜きがてらチョコチョコ読んでみてくださいね。

2-1 学科試験をクリアするために

合格までの最短距離を走るために、ここで「勉強法」についてお伝えします。他の資格試験にも通じる一般的な勉強法も含まれますが、主に気象予報士試験にフォーカスしての内容となっています。私の経験からお役に立ちそうな情報をまとめてみました。

まずは、学科試験の合格を目指している方と、初学者の方に役立つ情報です。

1 学科試験は15問マークシート方式

1問につき4分

第1章でもお伝えしたように、学科試験には、一般知識と専門知識の2科目があります。どちらも60分で、15問出題されるので、単純に割ると1問あたり4分のペースで解いていくことになります。かなりスピーディーに解いていく必要があるということですね。全体として流れがあるというよりは、1問1問独立した問題なので、難しいものは飛ばして、できそうな問題からどんどん解いていったほうがよいでしょう。そして、もしわからなくても、マークシート方式なので、何かしら解答欄は塗って埋めてくださいね。

選択肢に甘えるな！

15問のマークシート方式というのは、1問あたりの比重が大きいということです。ですから、学科試験で「あと1点」に泣く方が非常に多い試験であるともいえます。実をいうと、私もその一人。一度、専門知識で「わずか1点」の重みを痛感し、涙した経験があります。気象予報士試験は、学科に合格しなければ、実技は採点すらしてもらえません。そのときの私は実技試験で手ごたえを感じていて、自己採点でも合格基準をクリアしていただけに、言葉でいい表せないショックを受けました。

この「1点に泣く」経験をしてしまう方には、まぐれ当たり組を除けば、過去問題を解いてみれば合格ラインをクリアしていたという方が多いようです。そこまで力がついていたのに、本番で1点に泣いてしまうのはなぜでしょう。

それは過去問題を解くときに、選択肢に甘えているから……というのも、原因の一つのようです。

たとえば、正誤の組み合わせを選択肢から選ぶ問題があったとします。正しく○×を判断でき、答えが正解だったとしましょう。その段階で、自分にオッケーを出して、安心してしまいがちですが、ちょっと待ってください。×をつけた文章を、正しい文章に書き直すことはできますか？　どこの何が間違いなのか、解説できますか？

確かに、本番と同じ形式に慣れるためや、自分の知識レベルを確認するためには、本番同様に制限時間内に選択肢を駆使して正解を導くことが必要です。しかし、学科試験を確実にクリアする力をつけるには、「過去問題で合格点をとれるようになった。満点だった！」程度で満足していてはいけないのです。選択肢に頼っているレベルでは、まだまだ知識が曖昧な場合が多いのですから。勉強中は、選択肢に甘えるな！　です。

2 学科試験の勉強はどこまですればいい？

説明できるレベルまでやろう

というわけで、選択肢の一つひとつを解説できるレベルまで知識を深めておきましょう。実は消去法で正解を導いているだけ、というレベルから脱出しておいてください。なかには、マークシートのマジックで、まぐれで学科試験を通ってしまう方もいます。しかし、その場合は、実技試験で苦労することになると思います。あやふやな知識では、記述式である実技試験に対応するだけの力がついていません。とにかく、選択肢のすべての文章に対して、人に説明できるくらいまで理解しておきましょう。

多くは基本的な問題です

ところで、本番の試験で重箱の隅をつつくような問題に出会ったりすると非常に動揺しますね。そのような問題を後回しにして、わかる問題から先に解き、残った時間をその難問に費やしてしまうかもしれません。

しかし、過去問題をよ～く眺めてみてください。そんなに、難問だらけですか？難問奇問は、全体のほんの一部。見渡してみれば、基礎的な知識をストレートに問う問題や、過去にも出題されたものを少しひねっただけの問題で、ほとんどが構成されていることがわかります。ですから、ここは、基本をしっかりと押さえたほうが勝ち。確実にとれる問題を絶対に落とさないようにしたほうがよいのです。そのためにも、一つひとつをぼんやりとではなく、しっかりと確実に理解するほうが近道なのです。今度の試験も、どこから何が出るかわからないから……と、あれこれ手を広げて勉強するよりも、過去問題を深く理解することが、最短距離だと思います。

弱点を補強するには

学科試験の問題は、実技試験と違って1問1問が独立しているため、過去問題をコピーして、項目別に分類しておくのもよいでしょう。チャレンジして正解できなかった問題は、また別にして区別しておけば、自分専用の「弱点補強精選問題集」のできあがりです。持ち歩けば、電車の待ち時間などのちょっとしたスキマ時間にでも、サッと取り出して解くことも可能です。携帯電話で問題を撮影して、お気に入りのアルバムなどを作成して持ち歩いてもよいですね。

学科試験は、1問あたり4分程度の時間でテンポよく解答していかなければいけません。日ごろから集中力、反射神経を鍛えておきましょう。ちょっとした空き時間に、1問解くのを習慣にすると、かなり力がつきますよ。

3 意図をキャッチしよう —— 深く理解するとは？

出題者の意図を読み取る

では、どのようにすれば、できたとかできなかったという正誤レベルから、深く理解するところまでたどりつくことができるのでしょうか。ここでもやっぱり、頼りになるのは過去問題です。過去問題から出題者の意図を読み取るのです。同じ項目の範囲から、どのような問題が出されているのかを少し比べてみると、なぜ頻出問題となっているのか、何を聞きたいのか、どんな知識を試したいのか、問題を作っている人の声が聞こえてくることがあります。この出題者の意図を受け取ることを意識しながら、問題と向き合うという視点は、この先ずっととても大切になってきます。

「なぜ、どうして」を考える

常に、「なぜ、どうして」を考えるように勉強を進めていくと、なぜ、どうして問われるのかはもちろん、気象の世界で、なぜどうしてそのようになるのかという項目別の理解も深まっていきます。単なる知識のインプットではなく、考える癖をつけておくと、思考能力が高まって、結果、理解も深まるのでしょう。そもそも問題として扱われている事柄は、気象の世界で大切なことだから、試験でも扱われているわけです。そのわけを考える習慣をつけていきましょう。出題者も、何かを確かめたくて、出題しているのです。選択肢の○×レベルでとどまらずに、何が肝となるのか、どこが大切なのか、なぜ問われるのか、出題者の意図をつかみながら、過去問題や参考書と向き合ってインプットを続けてくださいね。

4 最新情報を入手しよう！

古い問題には要注意

過去問題は最良の参考書です。しかし、気象予報士試験（とくに専門知識）に関していえば、過去問題を妄信すると大きな落とし穴にはまってしまいますので要注意です。予報の技術の進歩は非常に激しいので、もし、過去問題とまったく同じ問題が今後出題されたとしても、解答は別のものになるということが起こるわけです。過去問題にチャレンジして、○だった解答が、本番で×になってしまうなんて、他の資格試験では、あまり見られないことかもしれませんね。私は、勉強を始めてすぐの頃は独学でしたし、古い過去問題の解答や解説を信じてはいけない場合もあることすら知らずにいたので、けっこう混乱しました。

気象庁のホームページはまめにチェック

こうした激しい進歩に、しっかりとついていくには、気象庁のホームページをまめにチェックする必要があります。基礎的な知識は、[知識・解説] のところに、簡潔にまとめられています。そして、変更点などをチェックする際は、気象庁ホームにある [報道発表] が非常に参考になります。過去の資料も、日付をさかのぼって探すことができます。

●気象庁ホーム＞各種申請・ご案内＞報道発表資料
https://www.jma.go.jp/jma/press/hodo

たとえば、近年の報道発表資料から、いくつかピックアップしてみましょう。

- 令和４年11月11日　衛星観測は「ひまわり８号」から「ひまわり９号」へ
- 令和４年８月23日　警報級の高潮となる可能性を５日前からお知らせします～高潮に関する早期注意情報の運用開始～
- 令和４年４月28日　線状降水帯予測の開始について
- 令和４年３月16日　下層悪天予想図（詳細版）の提供開始について
- 令和３年11月４日　積雪の深さと降雪量の6時間先までの予報を開始します
- 令和３年４月23日　「熱中症警戒アラート」の全国での運用開始について
- 令和３年２月26日　アメダスの観測種目が変わります～地域気象観測所（アメダス）における相対湿度の開始について～
- 令和２年10月29日　きめ細かな海流・海水温の情報提供を開始～潮位情報の改善～

- 令和2年9月7日　台風に発達する熱帯低気圧の予報を延長します
- 令和2年8月21日　大雨特別警報と警戒レベルの関係を分かりやすくします
- 令和2年3月13日　天気の分布予報及び時系列予報を改善します
- 令和元年12月24日　「危険度分布」にリスク情報を重ね合わせて表示できるよう改善します
- 令和元年12月10日　台風進路予測や降水予測の精度が改善します～全球モデルの初期値作成処理の高度化～
- 令和元年11月29日　3日先までの雨量や、2日先の風速などの予想を具体的な数値で発表します
- 令和元年11月13日　新しい雪の情報の提供を開始します
- 令和元年6月12日　台風進路予報の改善について
- 令和元年5月17日　「2週間気温予報」の提供を開始します
- 平成31年2月20日　台風強度予報の5日先までへの延長について
- 平成31年1月22日　「ひまわり黄砂監視画像」の新規提供を開始します！～黄砂の分布や移動を毎時間確認できるようになります～
- 平成30年12月14日　降雪の深さの新しい統計値の提供を始めます～数時間や2、3日等にわたる降雪の実況を把握しやすくなります～
- 平成30年7月27日　自分のいる場所の「危険度分布」をワンタッチで表示～災害から自分や大切な人の命を守るため「危険度分布」の活用を～
- 平成30年6月22日　広域の気象状況を一目で分かりやすく解説します～危険度分布やバーチャートを用いた図形式の全般気象情報及び地方気象情報の提供開始～

その他にも、さかのぼると、平成26年には高解像度降水ナウキャストの提供開始、平成25年度には特別警報の発表が開始、高温注意情報の開始、警報・注意報の対象区域の変更、などなど、気象予報士試験に関連のある資料が数多く載っています。

「報道発表資料」だけあって、対象は専門家ではなく、一般の方向けに書かれているため、非常に簡潔にまとめられています。私は、受験生だった頃、この報道発表資料にかなり助けられました。

コンパクトにまとめられた資料の下の欄には、ほとんどの場合、資料全文や参考資料などと書いてあり、クリックすると、さらに詳しい内容が見られるようになっています。全文にはカラーの資料があり、試験に直結する内容もかなり含まれていますので、こちらも目を通し、必要だと思うものはプリントアウトしておきましょう。最新情報は、参考書に載っていませんので、気象庁のホームページをまめにチェックしてくださいね。そして、自分だったら、この変更点を、どのように問題に組み込んで、どのように出題するだろうと考えてみることも、力をつけるのに非常に役に立ちます。

必読資料『気象業務はいま』

また、『気象業務はいま』という冊子も必読です。毎年6月1日の気象の日に気象庁から発刊される冊子です。気象庁が、今、何に力を注いでいるのか、注目すべき変更点は何か、素人にもわかりやすく説明されています。過去に発刊された分は、気象庁のホームページから読むことができます。

●気象庁ホーム＞各種申請・ご案内＞刊行物・レポート
http://www.jma.go.jp/jma/kishou/books/index.html

ずいぶん前の話になりますが、私が受験したとき、専門知識の選択肢の中に、「ドブソン分光計」という計測器の名前が出てきたんですね。「なにそれ。参考書をあれこれ読んだけど、今まで見たことも聞いたこともないよ！」と内心思っていたのですが、あとで『気象業務はいま』を読むと、ちゃんと載っていました。この冊子からの出題頻度は、非常に高いと思います。なにせ、気象庁が「今」力を入れていることや、その年の主な気象現象やトピックスをまとめたものですから。

また、同じく気象庁ホームにある、『最新の取り組み』も、目を通しておくといいでしょう。

予報業務の分野の技術革新は、本当に目覚ましいものがあって、毎年、何かしら変更点があります。ですから、とくに専門知識は最新の情報をチェックし、過去問題の解答や解説も「今年度なら、こう！」と手直しをできるくらいに、理解しておきましょう。

2-2 実技試験をクリアするために

学科試験のコツの次は、いよいよ、実技試験を突破するためのコツです。詳細は第5章でお伝えしますが、ここでは、実技試験に必要な基礎力をどのようにつけていくかというお話です。

1 専門資料に慣れる ―― 急がば回れ「天気図」を読もう

天気図が読めるようになろう

実技試験が難しいといわれる原因の一つに、専門色の強さがあげられます。

これまで、専門天気図を見る機会がなかった方や実務経験のない方などは、まず「天気図を読めるようになる」ことが必要です。天気図を読み、解析をする能力がなければ、問題を解くことはできません。

天気図を読むには「慣れ親しむこと」、これに尽きます。練習を繰り返すことです。気象学の理論を身につけ、学科試験をパスできる実力がついたなら、すぐに実技試験の過去問題に取り組みたくなるとは思いますが、その前にしっかりと基礎固め。急がば回れです。

私は、天気図が読めるようになるまで、日常的に、専門天気図をもとに解析する作業を繰り返すようにしていました。といっても、毎日は無理なときもあります。そのようなときは、低気圧が通過する日あたりの天気図や、典型的な現象（たとえば、冬型、南岸低気圧、台風……など）がみられた日の天気図をプリントアウトしておき、時間のあるときに解析するようにしていました。

天気図の入手先

この専門天気図は、どうやって手に入れればよいのでしょうか。私がよく利用していたのは、次のようなところからです。

●専門天気図（北海道放送「予想にチャレンジ！専門天気図」のホームページ）
https://www.hbc.co.jp/weather/pro-weather.html
●気象衛星画像、その他（気象庁のホームページ）
https://www.jma.go.jp/jma/index.html

北海道放送の『予想にチャレンジ！専門天気図』は最新の天気図だけでなく、それぞれの実況図や予想図の見方を簡単に解説したページもあり、どの図のどこに注目し、どの場合にどの図から予想を立てていくのかといった、基本中の基本を学ぶこともできます。

それぞれの天気図の略号の意味をはじめ、その図を見る際のポイント、等高度線など書き込まれている要素についての解説と、その気象要素が何ｍごと、あるいは、何hPaごとに表示されているか、などといった情報が簡潔にまとめられています。

おすすめのホームページ

また、私が勤務していた日本気象協会のホームページも是非。このページの中の『気象予報士のポイント解説（日直予報士）』は、その日のポイントや季節のネタなどの宝庫です。1日複数回の更新があるので、まめに読むとよいと思います。ポイントをつかむ感覚を養うことができます。

●日本気象協会tenki.jp
https://tenki.jp/forecaster/

民間のサニースポットのホームページもとても見やすくおすすめです。

●サニースポット
https://www.sunny-spot.net/

このサイトでは、専門天気図も見ることができます。HBC（北海道放送）のような解説はないのですが、閲覧できる資料の数がとても豊富です。

その他、気象庁の『短期予報解説資料』も必読です。

●気象庁ホーム＞知識・解説＞気象の専門家向け資料集＞短期予報解説資料
https://www.data.jma.go.jp/fcd/yoho/data/jishin/kaisetsu_tanki_latest.pdf

▼短期予報解説資料

短期予報解説資料　２０２２年１１月３日０３時４０分発表
気象庁

１．実況上の着目点
① 沿海州には500hPa 5100m以下の寒冷渦があり、直下には低気圧があってほとんど停滞。低気圧周辺では気圧の傾きが大きく、北海道地方では風が強く吹き、波の高い所がある。
② 2 日に日本のはるか東を東進した低気圧を波源とするうねりの影響が残り、東北～東日本の太平洋側では、うねりを伴って波の高い所がある。
③ 500hPa 5580 ～ 5640mのトラフがモンゴルにあって東南東進。また、日本海には低気圧があって東進。

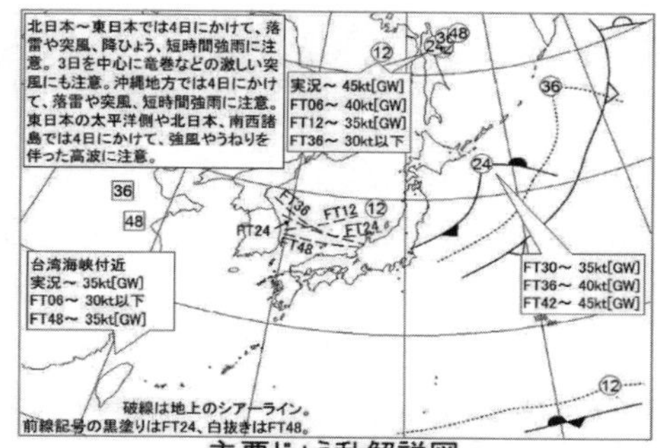

主要じょう乱解説図

２．主要じょう乱の予想根拠と解説上の留意点
① 3 日朝までにはサハリン付近に 1 項①の低気圧とは別の低気圧が発生し、その後 1 項①の寒冷渦の直下になり 4 日にかけてオホーツク海をゆっくり東進。低気圧周辺では気圧の傾きが大きく、北海道地方では 4 日にかけて風が強く吹き、波が高い所がある。強風や高波に注意。
② 1 項②の状態は 4 日にかけて続くため、東北～東日本の太平洋側ではうねりを伴った高波に注意。
③ 1 項③のトラフは 3 日夜には日本海へ進み、3 日は地上シアーラインが日本海で顕在化。その後トラフは北～東日本を通過し 4 日朝には日本の東へ進み、1 項③の低気圧は日本海を東進して北日本を通過、3 日夜には日本の東で前線を伴って北東進。低気圧や地上シアーラインの影響で、3 日午後を中心に北～東日本では大気の状態が非常に不安定。4 日は 500hPa 5160 ～ 5220m の -33℃以下、500hPa 5340 ～ 5460m の -27℃以下の寒気を伴ったトラフが、北日本を通過し、地上シアーラインが日本海でほとんど停滞。北～東日本では上空寒気や地上シアーラインの影響で、大気の状態が不安定となる。北～東日本では4日にかけて落雷や突風、短時間強雨に注意。3日を中心に竜巻などの激しい突風にも注意。
④ 4 日は500hPa 5160 ～ 5220m のトラフの通過に合わせ 850hPa では -6℃以下の下層寒気も流入するため、北海道地方の平野部でも積雪のおそれがある。積雪や路面凍結による交通障害に注意。
⑤ 沖縄地方では、4 日にかけて大陸の高気圧縁辺を回る下層暖湿気の流入が続き、大気の状態が不安定。また、大陸の高気圧南縁で気圧の傾きが大きく、吹送距離の長い東よりの風がやや強く～強く吹き、波がうねりを伴って高くなる。4 日にかけて落雷や突風、短時間強雨、うねりを伴った高波に注意。

３．数値予報資料解釈上の留意点　総観場はGSMを基本、量予想や降水分布はMSMやLFMも参考。

４．防災関連事項［量的予報と根拠］　①大雨ポテンシャル(06 時からの 24 時間)：高い所(100mm 以上)はないが、2 項の短時間強雨に注意。②波浪(明日まで)：北海道・東北・関東・伊豆諸島・沖縄 3m。③高潮(明日まで)：西日本では注意報基準を超える所がある。

５．全般気象情報発表の有無　発表の予定はない。

量的な予報については、今後の状況により変化する場合がありますので、注意報・警報や全般気象情報等に記述する数値を利用願います。

初学者の場合は、自分で解析に入る前に、全体像を把握するのにも使えますし、理解が進んできたら、自分で解析をしたあとに、つかんでいるポイントの確認にも使えます。この資料は、気象会社の現場でも、出社すると真っ先に目を通す資料の一つでした。

また、気象庁HPの中にある、『日々の天気図』という月ごとにまとめられたPDFも、1年分ぐらい目を通すと、かなり地上天気図の理解に役立つと思います。

●気象庁ホーム＞各種データ・資料＞過去の天気図＞日々の天気図＞
[例] 2022年7月のPDFのリンク
https://www.data.jma.go.jp/fcd/yoho/data/hibiten/2022/2207.pdf

このようにたどっていってご覧になりたい年月日の天気図をクリック。少したどり着くまで時間がかかるので、「2022年○月　日々の天気図」などと検索したほうが早いかもしれません。

2 解析の力をつける ―― 自分の手で解析しよう

さまざまな種類の天気図の着眼点を理解し、天気図を比較検討しながら大気の構造を分析していく作業、つまり解析の力なくしては、大気の構造の分析や、現在や将来の現象について考えることはできません。練習あるのみです。天気図は眺めるだけではなく、自分の手で解析することを習慣にしましょう。

ここでは、どのようなことを意識して、日々の解析作業を積み重ねれば力がついてくるのかを考えてみましょう。

解析作業の流れ

作業の流れは次のようになります。

①大規模場から見ていく

まず、北半球などの大きな場の天気図や週間予想支援図を見て、大きな場の現状と流れをつかみます。

②ジェット気流の解析をする

300hPa天気図から、対流圏上層の大気の流れを把握します。ジェット気流と温帯低気圧のライフサイクルや移動には密接な関係があります。

③雲画像を見る

気象衛星雲画像は、ジェット気流の位置をはじめ、低気圧の発達などを知るよい指標になります。

④次第に小さな場へ視線を移す

500hPa → 850hPa → 地上天気図というように、上層から下層に向けて天気図を見ていきます。

解析はズームイン

日常の気象現象は、大きなスケールの場にも支配されているので、より大きな場の流れを把握してから、次第に小さな波へと視線を移して解析することを習慣にしましょう。また解析の前には実況を把握しておくとよいでしょう。

作図の練習も習慣に

天気図が読めるようになってきたら、概況を書いてみる、前線を解析してみる、閉塞点を解析してみる、雲解析をしてみる、各地の予報作業をしてみる、収束線を描いてみる、低気圧の発達の予想や移動の予想をしてみる、トラフやリッジを解析してみる、などなど、解析能力を高める努力を積み重ねましょう。地道な作業の繰り返しになりますが、この継続こそが、基礎力固めの最短コースです。

用語解説

トラフ　気圧の谷のことで、周囲よりも気圧の低いところ。
リッジ　気圧の尾根のことで、周囲よりも気圧の高いところ。

3 色づけのすすめ —— 大事なところを強調して読みやすく

さまざまな天気図の着眼点を理解したら、実際の天気図で解析を行って、専門天気図に慣れ親しみましょう。その際、天気図を読みやすくする方法として、「色鉛筆の活用」をおすすめします。

私が解析の勉強を始めたばかりの頃は、どの天気図のどこに注目するかがつかめず、現象がパッと浮かんで見えるという状態ではありませんでした。それどころか、さまざまな気象要素が書き込まれた天気図の中で、日本がどこにあるのかを瞬時につかむことさえ難しく感じられたものです。天気図が読めるようになるまでは、この色づけ作業を繰り返すことは非常に有効だと思います。天気図の見方のコツをつかみ、大切なポイントに着目できるように訓練していきましょう。

支援資料図に色づけをすると、天気図が示している特徴や各天気図の重要な物理量が浮かび上がります。

そして、見やすい状態になった天気図を何枚か見比べることで、立体像や時間変化をとらえやすくなると思います。たとえば、同じ時刻の地上、850hPa、700hPa、500hPaの天気図などを見比べると、天気の立体構造がよくわかります。また、低気圧の中心位置を、同時刻の天気図からトレーシングペーパーに写し取れば、各等圧面での中心位置が上空に向かって西に傾いているのか、垂直であるのか等を、ひと目で把握できる状態になります。

まずは地形

まず、天気図を解析する際は、低気圧や高気圧、または台風の位置などと日本の位置関係をつかみたいですね。

そこで、日本を浮かび上がらせるために、日本列島と周辺の陸地に簡単に色づけをしましょう。台湾、朝鮮半島、サハリン、カムチャツカ半島などの海岸線を茶色でなぞりながら、日本との相対的な位置関係を覚えていきます。気象要素がたくさん書き込まれて、日本列島がどこか見えにくい状態になっていても、この作業を普段繰り返すことで、楽に日本を見つけられます。

緯度・経度を記入

緯度、経度を記入します。低気圧の位置などは、緯度、経度で表現しますから、最初に、同じ40という数字を持つ線がクロスする東北地方の秋田を目安に、140E（東経140度線）と40N（北緯40度線）と書き込みます。次に、130E、150Eなどと書き込みます。実際の試験でも、この緯度、経度の読み取りは、うっかりミスが多いそうです。間違えないようにサッと記入するクセをつけましょう。

各天気図での色づけポイント

ここまでが、どの高さの天気図にも共通して行う作業です。この先は、各天気図によって着目する要素が異なるので、順に例を示していきます。季節や個々の天気図によっても色づけをするポイントが変わりますので、例に示すほかにも、着目すべきポイントを図の右下にあげておきます。参考にしてみてください。

※P.43からの天気図例では、他の色塗り箇所との違いがわかりやすいよう、地形を灰色で表現していますが、実際の色づけ時には茶色で塗ってください。

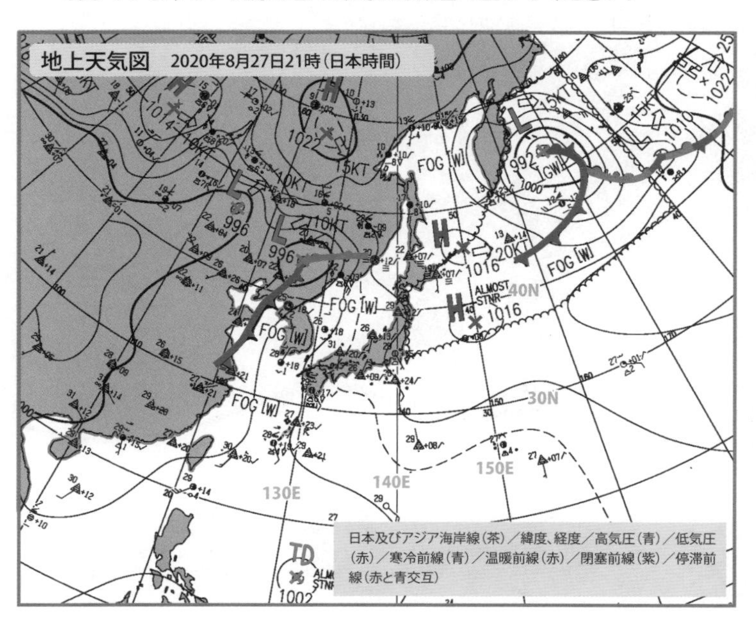

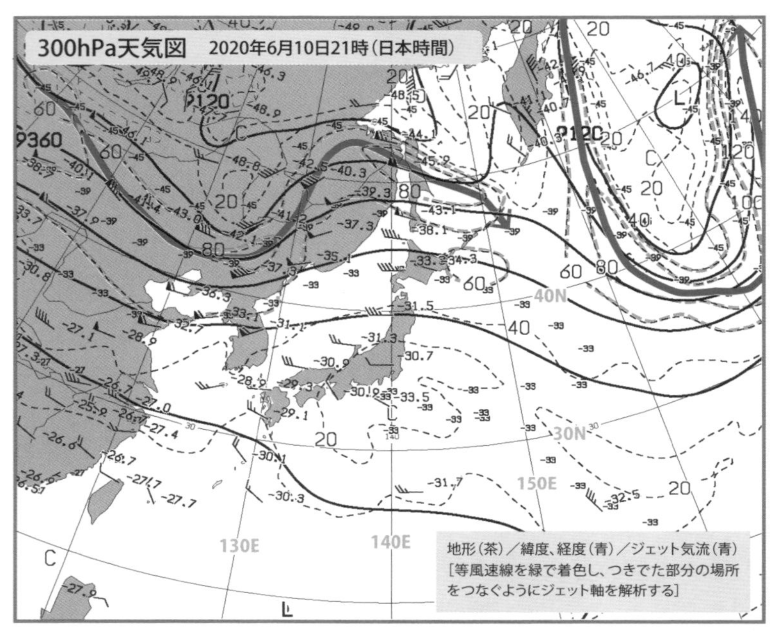
300hPa天気図　2020年6月10日21時（日本時間）
40N
30N
130E
140E
150E
地形（茶）／緯度、経度（青）／ジェット気流（青）
［等風速線を緑で着色し、つきでた部分の場所をつなぐようにジェット軸を解析する］

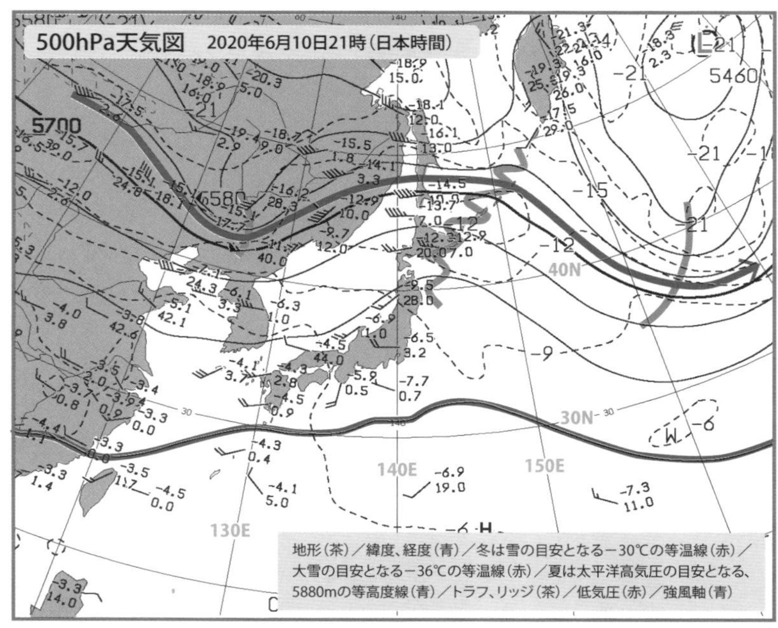
500hPa天気図　2020年6月10日21時（日本時間）
5700
5460
40N
30N
130E
140E
150E
地形（茶）／緯度、経度（青）／冬は雪の目安となる−30℃の等温線（赤）／大雪の目安となる−36℃の等温線（赤）／夏は太平洋高気圧の目安となる、5880mの等高度線（青）／トラフ、リッジ（茶）／低気圧（赤）／強風軸（青）

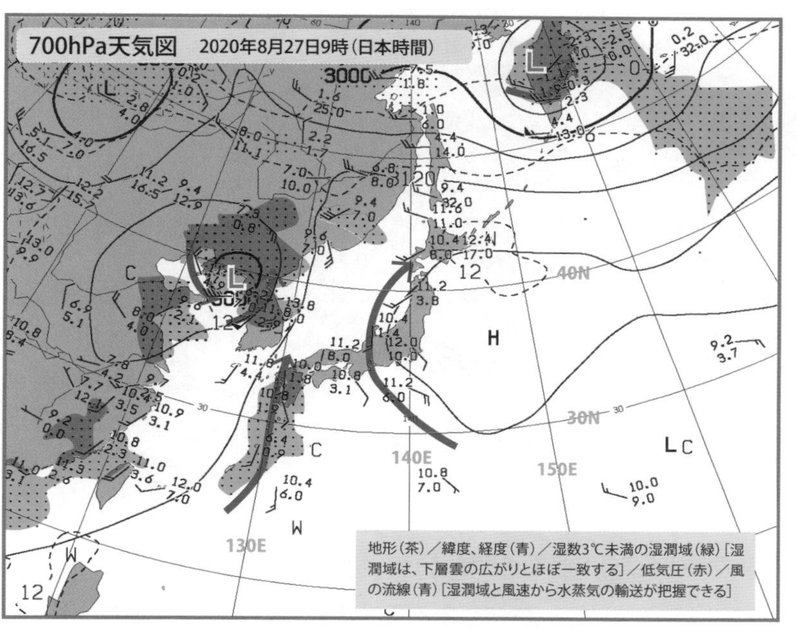
700hPa天気図　2020年8月27日9時（日本時間）
地形（茶）／緯度、経度（青）／湿数3℃未満の湿潤域（緑）［湿潤域は、下層雲の広がりとほぼ一致する］／低気圧（赤）／風の流線（青）［湿潤域と風速から水蒸気の輸送が把握できる］
40N
30N
130E
140E
150E

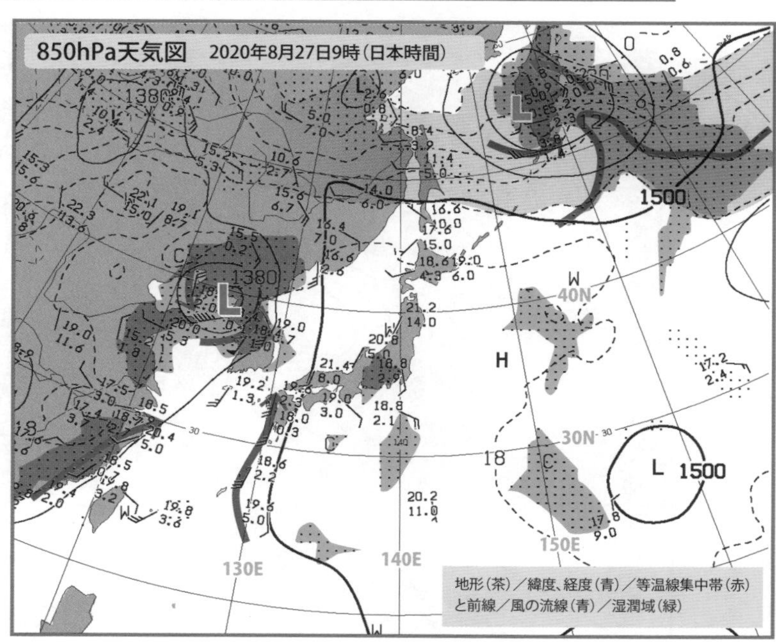
850hPa天気図　2020年8月27日9時（日本時間）
地形（茶）／緯度、経度（青）／等温線集中帯（赤）と前線／風の流線（青）／湿潤域（緑）
40N
30N
130E
140E
150E

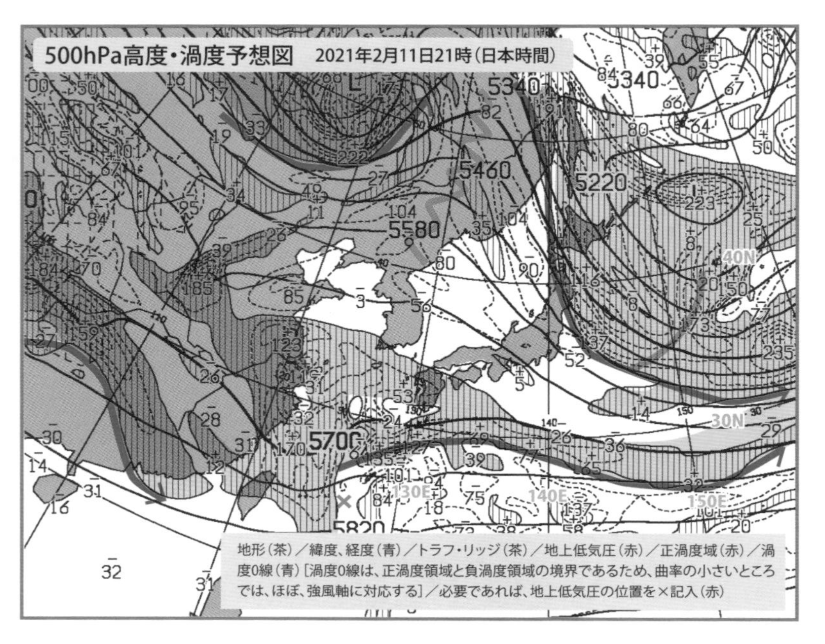
500hPa高度・渦度予想図　2021年2月11日21時（日本時間）
地形（茶）／緯度、経度（青）／トラフ・リッジ（茶）／地上低気圧（赤）／正渦度域（赤）／渦度0線（青）［渦度0線は、正渦度領域と負渦度領域の境界であるため、曲率の小さいところでは、ほぼ、強風軸に対応する］／必要であれば、地上低気圧の位置を×記入（赤）

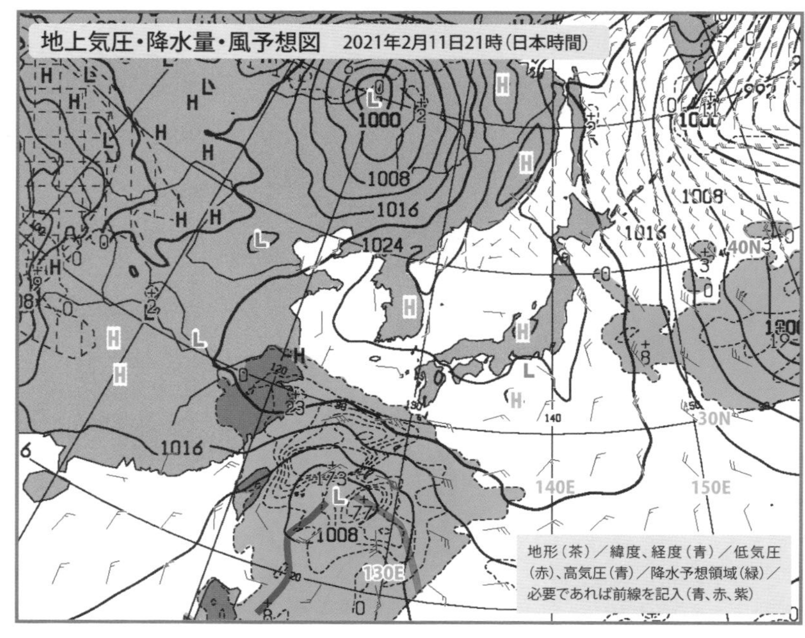
地上気圧・降水量・風予想図　2021年2月11日21時（日本時間）
地形（茶）／緯度、経度（青）／低気圧（赤）、高気圧（青）／降水予想領域（緑）／必要であれば前線を記入（青、赤、紫）

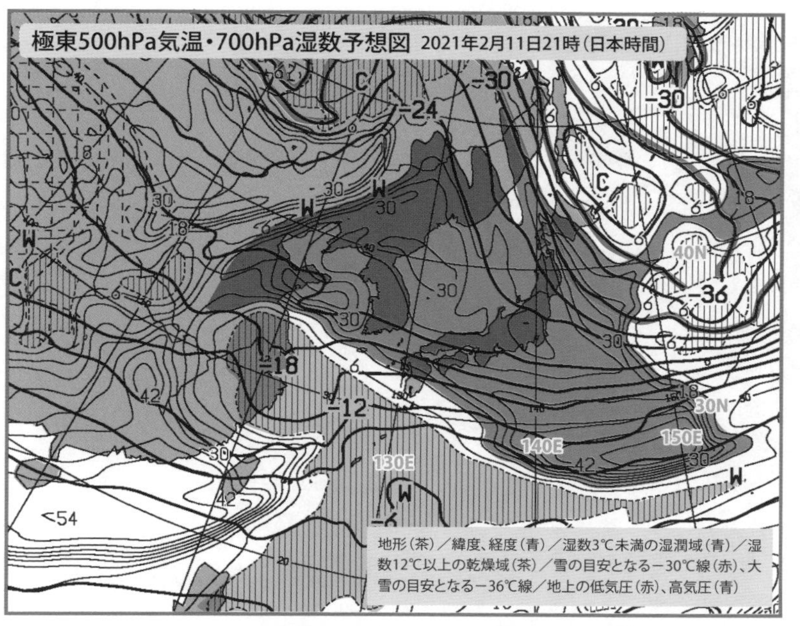
極東500hPa気温・700hPa湿数予想図 2021年2月11日21時(日本時間)
地形(茶)/緯度、経度(青)/湿数3℃未満の湿潤域(青)/湿数12℃以上の乾燥域(茶)/雪の目安となる−30℃線(赤)、大雪の目安となる−36℃線/地上の低気圧(赤)、高気圧(青)

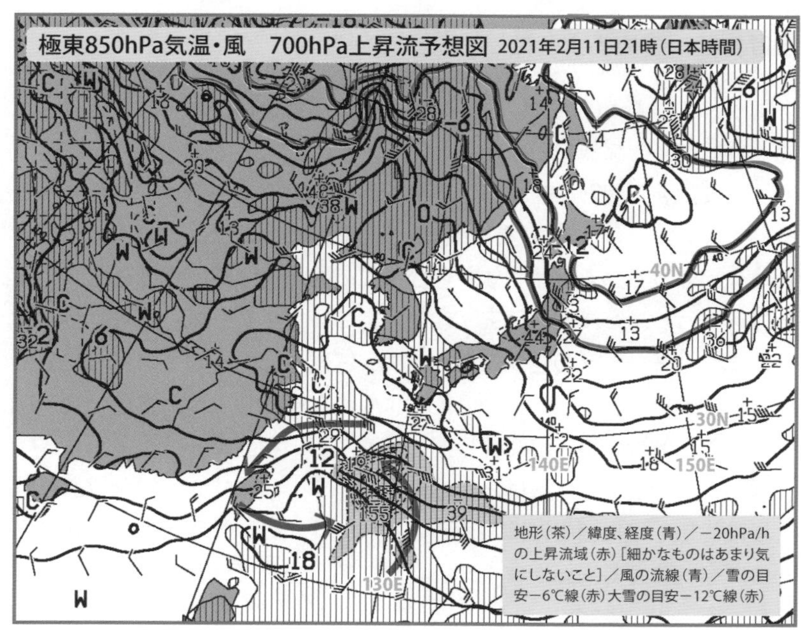
極東850hPa気温・風 700hPa上昇流予想図 2021年2月11日21時(日本時間)
地形(茶)/緯度、経度(青)/−20hPa/hの上昇流域(赤)[細かなものはあまり気にしないこと]/風の流線(青)/雪の目安−6℃線(赤)大雪の目安−12℃線(赤)

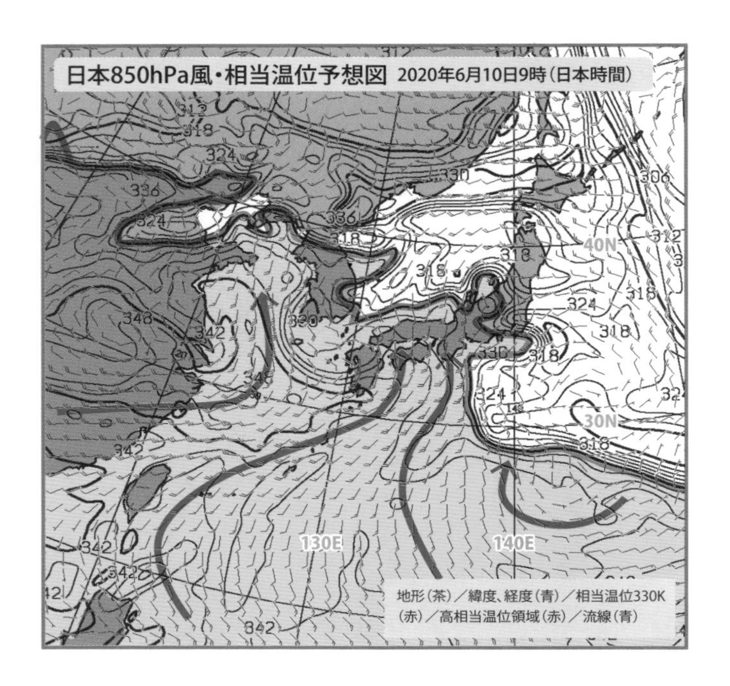

続ければ、読めるように

毎日、このように色づけをしながら解析作業を繰り返すというのは、かなり時間と根気が必要な作業ですが、とにもかくにも、天気図を読める状態にならなくては実技試験の問題に答えることができないのですから、読めるようになるまで続けてみましょう。天気図に慣れ親しんできた頃には、このような作業を行う必要はなくなっているはずです。色がなくても現象が目に飛び込んでくる状態になるでしょうし、複数枚の天気図から、立体像をイメージできるようになっているでしょう。また、その立体像を、時間の経過とともに、どのように変化していくのかも「流れ」としてイメージできるようになるでしょう。また、そうなるように、心がけて、解析作業を日々繰り返してくださいね。

なお、この色づけ作業は、色鉛筆をおすすめします。色鉛筆であれば、薄くしたり濃くしたりと自由に調整できるからです。ペンなどで色づけをすると、濃淡がつけられなくて、見やすくするために行う作業で、かえって天気図が読みにくくなってしまいます。

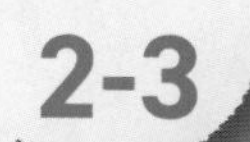

2-3 ゴールまでの最短距離を目指して

1 全体像をつかもう

気象予報士試験に関しては、これまで馴染みが薄かったり、はじめて見聞きする内容が多かったりして、難しく感じられる方が多いようですね。特に学習を始めたばかりの方にとっては、専門知識も多く、数式も難解で非常に難しく感じられると思います。

ジコチュー勉強法

そんな場合は、勉強中は思いっきりジコチュー（自己中心的）になりましょう。

「難しいなぁ〜」って感じるときに、やりがちなのが、自分のほうを否定しまうことです。

「自分はバカだなぁ」と落ち込んだり、自分の力では無理だとあきらめてしまったり。しかし「難しい……無理かも……」と感じたときこそ、へこまずに、思い切りジコチューになっていただきたいのです。

難しいと感じるときは、著者の方には大変失礼ながら「こんな書き方じゃわかんないねっ」なんて言いながら、わからないところはドンドン飛ばして、とにかく読み進めるようにします。

いきなり難しい数式が出てきても、ひるむことなくガンガン飛ばして文章だけを拾い読みしてください。そういう読み方をしたとしても、おぼろげながらも全体像はつかめるのです。そうすれば、2回目に読んだときに、あら不思議。1回目に読んだときより理解できるようになっていたりするものです。前後がつながるのですね。それでよいのです。なぜなら、このような進め方をするとペースが速いので、きちんと細かく1ページずつ完璧に理解しようとする人に比べて、同じ時間が経過したときに、大きな差となって表れるからです。

ペンキ塗り勉強法

たとえば、同じ日に同じテキストで勉強をスタートさせたとしましょう。1か月後「最初でつまずいたままの人」と「ざっと2～3回テキストに目を通した人」という差になって表れてくるかもしれません。壁のペンキ塗りでいえば、最初ばかりとてもていねいに塗っている人と、ムラがあるにしろ全体を何度か塗ってある状態との差となって現れます。この差は大きいですよね。

複数冊同時読破法

難しいと思うところもクリアしないと、なんだか気持ちが悪くて前に進めないという、真面目な方もいらっしゃると思いますが、心配しなくて大丈夫。完璧主義を手放して進みましょう。

絶対に外せない重要項目ならば、勉強を進めるうちに何度も目にするはずで、そのうち、ハッと理解できるテキストや表現に出会ったりするものです。また、繰り返し目や耳にするうちに、理解できるようになることもあります。細かく理解するのは、全体像を把握してからでも遅くはありません。むしろ、近道です。また、まずは自分の理解できるレベルの参考書を複数用意して、一気にまとめ読みをするのもおすすめです。新しい知識をシャワーのように浴びて、全体像を把握する方法です。詳細な知識をみっちりと詰め込むよりも、あくまでも全体像をつかむことが目的です。私のスタートは、子供向けの漫画2冊からでした。

バイブルもジコチュー勉強法で

気象予報士試験のバイブルといわれる、小倉義光著『一般気象学』(東京大学出版会)をはじめて手にして、「これが一般？」とへこむ方も多いと聞きます。

そんな方にこそジコチュー勉強法がおすすめです。理解できないところは、飛ばして読み進めてみましょう。幸い、著者の小倉義光先生も、高度な部分は小文字にして、「飛ばして読んでも、あとの部分の理解には関係しない」と序章に書いてくださっています。正々堂々と飛ばし読みしましょう。

参考書とも相性がある

また、気象学の勉強を進めるなかで、専門書に出会う機会も増えますが、わからない箇所が多くあっても、気にせずに全体像をつかみましょう。飛ばし読みをしても、それでもさっぱりわからないような本であるならば、その本に固執する必要はないように思います。もっと自分と相性のよい本があるはずですから。

とにかく、難しいからとつまずいていては前へは進めません。思い切りジコチューになって、ガンガン前進してください。

2 ワクワクを利用しよう

まず好きになろう

「好きこそものの上手なれ」とは、よく言ったものです。「好き」というエネルギーは強力です。恋をした相手には、ドンドン興味がわいて、想像力が膨らみます。大切な相手に関する情報は、どんなに些細なことでも、とても重要な情報として脳にインプットされ、忘れることもありません。

勉強も楽しくなければ長続きしませんね。ぜひ、今目の前にあることを好きになって、学習を楽しんでください。

漠然と勉強するのと、興味を持ってするのとでは、大きな差が出てきます。なぜなら、人間の脳は、記憶するに値するのかどうかを常に判断してから書き込んでいくものだからです。せっかく貴重な時間を使って勉強するのであれば、同じ情報でも、効率よくインプットしていきたいですね。それには、楽しむこと、恋をすること、感動することが大切なのだそうです。嘘でも大袈裟に感動しながら勉強をすると、記憶に関係する海馬が「これは記憶するべき情報だ！」と誤解して、記憶力がアップするのだとか。

覚えたいことに感情をのせよう

みなさんも、「学生のころの思い出は？」と聞かれて浮かんでくるのは、授業の内容よりも、感動したこと、驚いたこと、嬉しかったこと、悲しかったことなど、感情を伴うものが多くありませんか？　それは、感情を伴う記憶は、脳に深く刻み込まれるからなのです。これを利用しない手はありません。このメカニズムを勉強に利用して、効率をアップさせていきましょう。大袈裟に感動し、喜び、恋をして、学習内容を感情を伴う記憶に変えていくのです。

気象予報士試験合格は、容易な道のりではありません。学習を続けていても、ずっと「楽しい」と感じながら継続するというのは、人によっては難しいことかもしれません。時には焦ってみたり、不安になってみたり、投げ出したくなったり。でも、そういうときこそ、モチベーションをアップさせるだけでなく、勉強時間そのものを楽しいものにしていくこと、そして、その学習内容に感情を伴うように工夫することが大切です。

五感を使おう

自分一人になれる環境があるのであれば、「ほぉ～!!」「へぇ～!!」と実際に声を出すのも効果的です。身体を動かしながら覚えたり、アロマを焚いて記憶力をアップしたり、実際に手を動かして書いてみたり。幸い、今は、脳の研究も進んでいて、記憶力をアップする方法や、あらゆる勉強法、パフォーマンスをあげる時間の使い方など、情報があふれています。五感も知識も総動員して、効率よく勉強を進めていきましょう。

気象に恋しよう

そうして効率よくインプットを続けていると、個々の知識が一つにつながるように「わかった！」というタイミングがやってきます。そうなるとしめたもの。わかることほど楽しいことはありません。ワクワクしながら前進することができるでしょう。

幸い、気象という世界は、魅力たっぷりです。奥が深く、飽きることがありません。とことん知り尽くして仲良くなりましょう。

寝ても覚めても……というくらいに、気象に恋をしてくださいね。

3 ちょっとエッチな語呂合わせも

忘れられない記憶になる

恋をしようとお伝えした次に、下ネタが続くのもなんですが、エッチな語呂合わせを自分で考え出すのも効果的です。私もよく、勉強中にくだらないことを考えて遊んでいました。単純に面白かったというのもありますが、ちゃんとした理由もありました。というのは、人間の脳は、性的なことに結びついた記憶というのは、忘れにくいものなのだそうです。これも利用しない手はありません。勉強に遊びを加えるのも方法の一つです。

私が中学生の頃に覚えた歴史年表の語呂合わせに、「1894、一発急所にドカンと日清（日清戦争）」というのがありました。横には、男性が急所を蹴られて涙を流しているイラストが描かれていて大爆笑！　そのおかげで、忘れたくても忘れられません。

みなさんも、勉強に飽きてきたら、暗記しなければならないさまざまな事柄を、いかにバカバカしい語呂合わせで暗記するかを考え出して、遊びましょう。

「雨の強さ」を語呂合わせで

たとえば、「雨の強さ」を表現する言葉ですが、これは適当に使っている用語ではなく、降る量によって決められている表現です。これを記憶するために、こんな語呂合わせはいかがでしょう？

20以上30未満　……強い雨（にいさん、強いっ）
30以上50未満　……激しい雨（さぁこい、激しいのっっ）
50以上80未満　……非常に激しい（非常に激しすぎて、こわいっ）
80以上……………猛烈な雨（はぁ～っ、もうれつぅ～）

えっと、先に謝ります。ごめんなさい。命に係わる表現なのに。

でも、この定義を決める会議に参加されていた大先輩に、この語呂合わせを披露したら、怒られるどころか大爆笑なさっていました。ふざけることは、正しいことではないでしょうが、非常に効果的ではあります。自分の頭の中に定着させるためのおふざけなら、許されると思って、私は今でもひとりで大いにふざけています。

ちなみに、20以上30未満などの数字ですが、1時間雨量を示すもので、単位はmmです。注意報や警報を呼びかける文などの中で、どの表現を使えばよいのか、これですぐに思い出せます。

本当に恥ずかしい話、かなりくだらないですよね。でも、バカバカしすぎて自分でもプッと笑ってしまったら、それでもう忘れられない記憶になるわけです。

「全般海上警報の基準と種類」を語呂合わせで

頻繁に出題される、全般海上警報の基準と種類も、私の頭の中では、こんな会話形式。

28以上34未満 …… 海上風警報　「(にやっ)みよ〜！」「……」
34以上48未満 …… 海上強風警報　「みよ〜よ！」「や……」
48以上64未満 …… 海上暴風警報　「よわむしっ！」「…… ^_^;」
64以上………………… 海上台風警報

この会話が、どのようなシチュエーションで交わされたのかは、みなさんのご想像におまかせします。イメージをたっぷり膨らませてください。そのほうが脳にしっかりと刻まれて、記憶は定着するでしょう。こんなふざけた語呂合わせでも「えっと、24だっけ、28だっけ」「36だっけ、38だっけ」なんて迷うこともなく、余白にでも、ささっと、「28〜34、34〜48、48〜64」なんてメモが書けちゃうわけです。

ちなみに、単位はノット。あとは、風、強風、暴風、台風と覚えておけばよいだけです(ただし、48〜64は原因が台風の場合で、原因が低気圧の場合は48ノット以上を海上暴風警報とします。注意して、あわせて覚えておきましょう)。

イメージとともに覚えよう

もちろん、すべての内容を語呂合わせにできるわけではありません。でも、ちょっと頭に入れておきたいこと、頭から取り出す頻度が高いものについては、やはり語呂合わせ法は最強です。特に数字などは、そのままでは意味をもたないので、記憶しづらいのですが、数字に意味を持たせてイメージとともに覚えていくと効果的です。

たとえば、このあと勉強を進めていくと「窓領域」という言葉に出会うと思います。くわしくは参考書を読んでいただくとして、ざっくり説明すると、赤外線の中でも、ある波長のものは大気による吸収率が悪いために地上から宇宙まで届きやすく、宇宙からの観測に利用されているんですね。その波長の幅「8～12μm」を覚えたいとします。

私の頭の中にはシンプルな絵が1枚。アルプスの少女ハイジ（8～12）が、窓を大きくあけているイメージがあるだけです。これで、窓領域の窓という言葉と、波長帯の数値がインプットされています。

時には語呂合わせをアウトプット

暗記事項もかなりの量になるため、詰め込み式で丸暗記しても、時が経てばどんどん抜け落ちてしまいます。ですから、みなさんもぶっ飛んだアイデアで、暗記項目をガンガンとクリアしてみてください。よいのです、どんな不埒なイメージでも。頭の中は自由です。遊びながら記憶できて、さらに記憶が定着するなんて、面白いじゃないですか。

そして、心許せる仲間がいるならば、くだらない語呂合わせをアウトプットしてみるのもおすすめです。そのなんとも恥ずかしい気持ちや、くだらないと笑いあった記憶とともに記憶が定着したりします。試験会場で、記憶を引き出すことが必要になったとき、とんでもないイメージが脳裏に浮かんでいる、なんて想像してみてください。おかしくって、緊張も吹き飛んじゃいそうでしょう？

4 スケジュール帳を活用して効率よく

ここから先は、気象予報士ならではというよりは、一般的に役立つ勉強法や、私の経験などが中心になります。

復習のタイミング

ここで、エビングハウスの忘却曲線について説明しましょう。

ドイツの実験心理学者エビングハウスは、時間の経過とともに、記憶がどのように変化するかをグラフに表し、この曲線を忘却曲線と呼びました。その曲線によると、復習のタイミングとしてベストなのは、1日後、1週間後、1か月後なのです。

覚えたばかりのことを、すぐに復習ばかりしていては、前へは進めません。一方、きれいサッパリ忘れてしまっている頃になって、いきなり復習しようとしても、ほとんどゼロからやり直すのと変わらず、これまた、かなりの労力がかかってしまいますね。

そこで、復習にはベストなタイミングというのがあって、そのタイミングに従って復習をしていくと、効率よく記憶を定着させることができるというわけです。基本的に人間はどんどん忘れていく生き物だ、ということを肝に銘じて、「復習」を効果的に取り入れていきましょう。

スケジュール帳に学習を記録する

というふうにおすすめすると、ガチガチに計画を作り込もうとする人が出てくるかもしれませんね。でも、ちょっと待ってください。短期学習計画に、復習の計画まで盛り込むのは、なかなか大変です。

そこで、私がおすすめするのは、スケジュール帳の活用です。

私は、実際に勉強できた時間を、赤色でピーっと線引きしていました。スケジュール帳は、計画に使う場合と、ライフログ（記録）に使う場合がありますが、後者として利用していたことになりますね。1週間当たりどれだけの勉強時間を確保できたのか、ひと目で確認するために始めたのですが、これが復習にかなり役立ちました。赤線の横に、勉強した内容と理解した内容を簡単にメモすることを習慣にしたので、次の日の勉強スタート時（スキマ時間ではなく、カタマリ時間のスタート時）に、スケジュール帳で、「昨日、1週間前、1か月前、何を勉強したのか」を確認して、ササっと復習することができたのです。この方法だと、復習を計画に盛り込まずとも、効率的に復習が可能です。

復習のスケジュールまで作り込み、その通りに勉強するのは至難の業ですが、やったことをメモしておくだけで、いとも簡単にベストタイミングで復習することができます。

復習は脳の準備運動にもなる

復習ですから、最初に時間をかけてインプットしたときのように、じっくり取り組む必要はありません。さっと見直すだけで十分。忘れていないかを確認するだけ、忘れているところがあれば、その抜け落ちたところだけを記憶すればよいのです。

私にとって、この「スタート時ささっと復習リズム」は、その日の勉強のエンジンをかける役目も果たし、一石二鳥でした。勉強しようと思っていても、なかなかスタートダッシュがきかない日もありますね。そんなときでも、復習は一度やったことなので、多くのエネルギーを費やさなくても頭に入ってきますから、さっと眺めるだけでもウォーミングアップになるわけです。

みなさんも、ベストなタイミングで復習を繰り返して、効率をアップさせてくださいね。無計画に何にも考えないで非効率に学習を進めるより、うんと合格に近づく気がしませんか？

これは余談になりますが、勉強した時間に引いた赤線は、受験直前に弱気になりそうな私を勇気づけてくれました。「こんなにがんばったじゃん、私！」……とね！

5 自分なりのリズムを作ろう

カタマリ時間を確保

ところで、お手持ちのスケジュール帳には、時間軸が書かれていますか？

時間軸付のスケジュール帳を味方につけると、勉強時間の確保に役立ちます。勉強は「時間が空いたときにしよう」では、いつまでたってもできません。最初に、スケジュール帳にピッ、ピッと線を引いて勉強時間を確保してしまいましょう。

勉強を続けるには、スキマ時間の活用ももちろん大切なのですが、カタマリ時間の確保が絶対必要です。仕事が忙しいなど、厳しい条件の中で勉強時間を確保するには、生活の中に、「リズム」として、勉強時間を取り入れてしまうしかありません。それも、継続できる時間帯をなんとか工夫して確保しましょう。つまり習慣です。

「私の勉強リズム」を探そう

私の場合、受験勉強中は主婦でした。小さな子供2人の育児中で、毎晩の寝かしつけの時間はまるで拷問！　子供といっしょに横になると、睡魔が襲ってきます。暗い部屋の中で、両脇から聞こえる子供たちの寝息の子守唄を聞きながら、眠りに落ちないよう耐え続けるのです。本来ならば幸せなひとときであるはずが、勉強を始めてからは、このうえない拷問タイムとなりました。

そのあとに勉強できた日はまだよいものの、気づいたら朝だった！　という日はなんとも苦い気分。それならば朝型に切り替えようと、5時起きリズムを作り出そうとしてみたら、なんと子供もいっしょに起きてくる！　朝の5時から子供2人と遊ぶはめに……など失敗を重ねつつ、最終的には、真夜中に勉強するリズムに落ち着きました。

子供たちを寝かしつける午後8時頃に、いっしょにぐっすり眠ってしまい、午前2時や3時に起きて勉強をするのです。しんと静まり返った部屋で集中できて、勉強がぐんとはかどるようになったのを覚えています。

このような試行錯誤の結果、「私の勉強リズム」ができてからは、私の手帳の時間軸にもしっかりと勉強時間が書き込まれるようになり、生活リズムもそれに合わせて変えていくことができました。

みなさんも、とにかく自分のリズムを探して身につけてください。サラリーマンの方などは、往復の電車を勉強タイムとして毎日のリズムにするとか、土日のうち1日は、家族に理由をきちんと伝えて図書館に行かせてもらうとか、朝1時間早く起きて勉強するとか、方法はいろいろありますね。

時には常識や思い込みを捨てたほうが、良いリズムを作れることもあります。電車では勉強すべき！　との思い込みを捨てて、座れる時間の電車に乗り仮眠したほうが、別の時間に勉強がはかどるかもしれません。とにかく、時間軸を利用して工夫を重ね、時間を味方にしてください。

スケジュール帳の時間軸をうまく活用して、自分なりのリズムを早いうちに作り出し、合格を引き寄せましょう！

集中力が高まるゴールデンタイム

試行錯誤を繰り返すと感じると思うのですが、長さとしては同じ時間でも、明らかに集中力が高い時間帯があるということに気づくと思います。身体と同じように、脳にも、元気な時間帯や疲れている時間帯というのがあるんですね。そして、脳科学の研究も目覚ましい進化をとげて、いろいろな情報が得られる時代になっていますから、参考にされるのもいいと思います。ちょっと身体を動かしたほうが、パフォーマンスが上がるとか、短時間の昼寝が効果的とか。いろいろと試して、自分オリジナルの時間術を作り出してくださいね。

6 インプットとアウトプットの比率

どちらかに偏らない

勉強する際の「入力」と「出力」。この比率について考えたことはありますか？ベストな比率は、「インプット3分の2、アウトプット3分の1」だそうです。

いくら熱心に知識を詰め込んでも、試験というのはアウトプット作業なので、出力訓練も行っていないと合格点を取るというのは難しく、かといって、入力なくしては出力もできません。そんなこんなで、ベストな比率が「3分の2 対 3分の1」というわけです。

この比率に出会って目から鱗が落ちたのは、まさに私がスランプに陥っていたときでした。一通り全範囲の勉強を終え、ひたすら過去問題ばかり解いていた時期でした。過去問題も何度もやりすぎて答えは覚えてしまっているし、そんな状態で過去問題に取り組んでいても、力がついてくる実感はまるでなし！　正直焦りました。貴重な時間を費やしているのに、足踏みしていてはいけない！　前に進むにはどうしたらいいの？

そのときのスランプ脱出のヒントになったのが、この比率です。

アウトプットに偏っていた勉強をやめて、インプット作業も欠かさないように心がけてみたのです。一通りやったつもりになっていた基礎知識を、また別の角度から眺めてみたり、項目別にまとめてみたり。そうしたら、またグンと伸びてくる実感が得られるようになったのでした。

初学者もベテランも、スタート時からアウトプット

ところで、このインプットとアウトプットの比率、「勉強を始めたばかりの人と試験直前の人じゃ、違うんじゃないの？」って思いませんか？　素朴な疑問ですよね。しかし、勉強を始めたばかりの人にも、このアウトプット3分の1を意識することは大切です。なぜなら、勉強スタート時は、参考書とじっくり向き合ってインプット作業を繰り返してしまいがちなのですが、最初から「本試験では、アウトプットとして何を求められるのか」ということを知っておいたほうが、今後の勉強の効率がよいからなのです。

知識をしっかりと得てから、力試しとして過去問題を使おうというのは、ありがちな流れですが、それはかなりのムダを伴います。それよりも、早い段階で問題に接したほうが、試験で要求される学力レベルがどのくらいのものなのか、どのような形式で出題されるのかという情報を得ることができます。そういった情報を得てから勉強の計画を立てたほうが、無駄が少ないのです。

ぜひ、学習の早い段階から問題に触れて、アウトプットを意識しつつ勉強を進めてください。

定期的にインプットする

そして、私のスランプのように、試験直前の人もアウトプットに偏るのは危険です。インプットの時間もとるように心がけましょう。人間の記憶の定着を考えると、やはり、定期的に復習を重ねていかなければ、どうしても知識は抜け落ちてしまうものだからです。覚えておかなければいけない事柄などは、定期的にインプットしておきたいものです。

これは、気象予報士試験に限らず、他の資格試験などにも共通するコツといえますが、独特の表現やいい回しが多い気象予報士試験においては、特に有効な方法だと思います。早い段階でこの世界独特の表現に馴れ、どんどん吸収していきましょう。

勉強の黄金比率は、インプット3分の2、アウトプット3分の1ですよ！

7 学力はあるときビューンと伸びる

焦らず継続して、グググッの瞬間を待つ

学力というのは、勉強した量に比例して伸びるのではなく、あるとき、ビューンっと、急カーブを描くように伸びるのだそうです。1次曲線ではなく、2次曲線のように。

▼学力アップは2次曲線

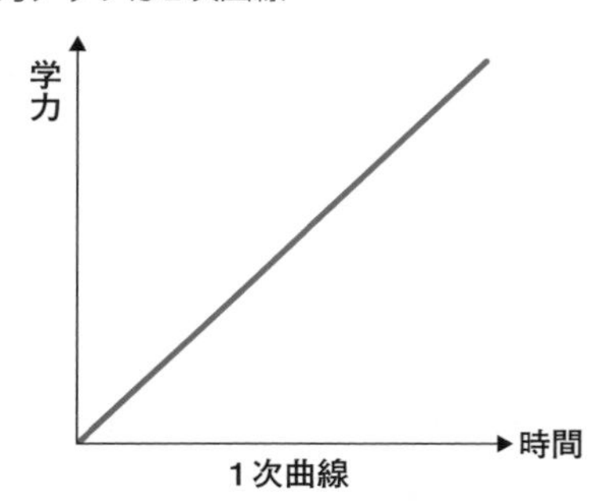

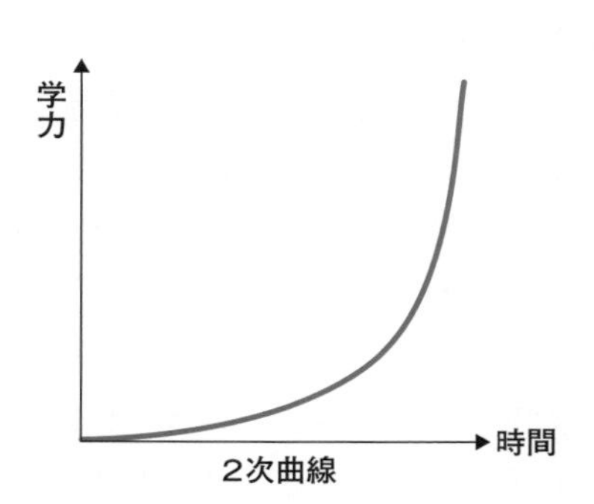

学力のアップについては、やればやっただけ学力が目に見えるような1次曲線をイメージしてしまいがちです。

はじめは気象に関する知識を増やすのに精一杯でしょう。コツコツと地道に勉強を続けていても、「力がついたなぁ」という実感はなかなか得にくいものです。グラフでいうと横這いの時期ですね。すぐに結果が出ずに焦ったりするかもしれませんが、グググッと学力がアップする瞬間を信じましょう。ただし、この急上昇の瞬間がいつやってくるのかに関しては、個人差があると、私は思います。

効率よく勉強をしている方は、そのタイミングが早くやってくるでしょうし、質の悪い勉強をしている方は、ちょっと先になってしまうでしょう。

自分の力を伸ばすために

どうすれば自分の力を伸ばせるのかについては、常に冷静に判断すべきです。たとえば、専門用語の語彙力を増やせば、いずれ力が爆発的に伸びるのでしょうか？　そうではありませんね。暗記にばかり力を入れていても、総合力は育ちません。気象予報士試験に合格するために求められる力は、語彙力だけではありません。どうしたら効率よく力を伸ばしていけるのかを、いろいろな面から常に考え、努力を重ねる必要もあるのです。

日々の勉強の効率を上げることも大切です。集中力を欠いた状態でダラダラと勉強しているようでは、多くの時間を割いて勉強に充てたところで時間の浪費になるだけです。また、ありがちなのですが、すでにできることに時間を割くのは避けましょう。これも、やっている気になるだけで、実は時間の無駄。効率の悪い勉強を続けることになります。

効率よく学習を進めると、不思議なことに、ザーっと個々のドミノが倒れて絵になるように、個々の知識がつながって、全体が見える時期がやってきます。「バラバラの知識に、一本ピシっと筋が通ったように感じる頃に合格する」という声も聞きますが、まさにこれが、グググッの瞬間といえるかもしれません。全体が見渡せるときがくるまで、地道に知識を積み重ねて、学習を継続させましょう。

学力アップの曲線が、それこそダイエットの停滞期にあるように変化なく感じたとしても、その先には必ず成果が現れる瞬間が待っています。そのときを信じて、知識と経験を積み重ねていきましょう！

第3章

項目別押さえどころ
——学科一般知識編

ここでは、学科一般知識について理解が進みにくい事柄を中心に書いてみました。どんどん押し寄せてくる知識を、なんとなくわかったつもりで終わらせないために、あえて他の参考書ではくわしく書いていないところにページを割いています。他の参考書で難しく感じる方にも、難なく読んでもらえると思います。
すでに学科試験に合格していて、学科の知識に自信がある方は、ここは飛ばしていただいてかまいません。あるいは「理解しておきましょう」「覚えておきましょう」とお伝えする事柄が、頭に入っているか確認しつつ、読み進めるのもよいかもしれません。意外に、「あ、ここは曖昧にしか理解できていないぞ」など、新たな発見があるかもしれませんよ。

3-1 全範囲にかかわる基本知識
――原子・分子の振動

まずは学科試験のうち、一般知識から学習をスタートさせましょう。これから学習を始める方は、どこが重要なのかを知りたいですね。学科試験をクリアするために、何を覚えて、どこを理解しておけばよいのか、ご案内していきます。気象に関しては全くの素人だった私だからこそ、混乱したこと、覚えにくかったこと、理解が進まなかったことを中心に書いています。

すべての物質は原子・分子でできている

最初に、全範囲にかかわる基礎知識として伝えたいことがあります。それは、すべての物質は、原子や分子でできているということ。そして、その原子や分子が、振動しているということです。あらゆる物質が、原子や分子でできているというところまでは、多くの方が理科で習っていると思いますが、気象学では、さらにミクロの視点で見ていきます。そうすると、気象予報士試験の多くの範囲をすんなりと理解できるのです。目に見えない原子や分子の状態を、イメージすると、理解も記憶もしやすくなります。

激しく動くほど、エネルギーは高い

気体の状態では、目に見えなくても原子や分子は飛び回っていますし、液体では、原子や分子が自由に運動しています。さらに、とても動いているようには見えない固体であっても、実は原子や分子は振動しているのです。その振動が、波となって周囲に伝わっているのが、エネルギーというわけです。原子や分子が、激しく動けば動くほど、エネルギーが高いということを理解しておきましょう。

▼原子や分子の振動が波となって伝わるのがエネルギー

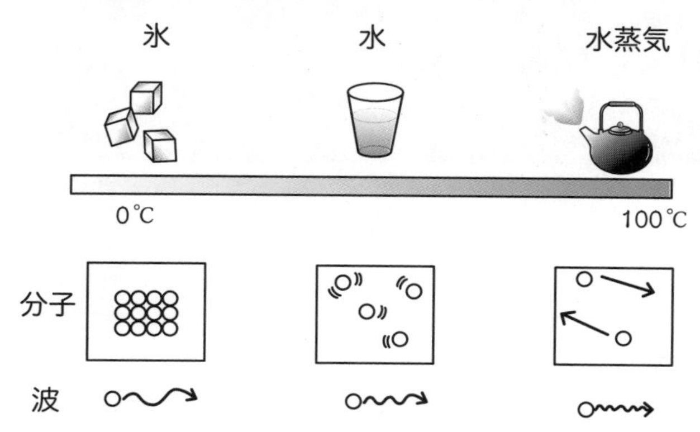

このように、分子や原子が振動していることや、その振動からでる波がエネルギーであることをイメージしていると、たとえば、波長について学んでいるときも、どのように分子や原子が振動していて、どのような波が周囲に伝わっているのかをイメージすることができます。

見えないものをイメージすること

気象学は、目に見えないものを、いかにリアルにイメージできるかで、理解度が変わってきます。水であれば、水蒸気の状態では分子が激しく飛び回っていることを、水の状態では自由に動き回っていることを、氷のように動いていないように見える状態でも実は分子が振動していることを、それぞれイメージしていくのです。「目には見えないけど分子が『おしくらまんじゅう』をしている状態なのかな」などと、生き生きと活動する分子をイメージするのです。覚えたいこと、理解したいことを、絵に変えて覚えていくような感覚です。「もし分子や原子が見えたなら」とミクロレベルで想像力を働かせるくせをつけておくと、気象学の広範囲で役に立ちますよ。

3-2 大気の構造

1 地球の起源

それでは、「大気の構造」から学習をスタートしましょう。

この項目は、地球がどのような星であるのかを知るところから始まります。なぜ地球だけに水や大量の酸素が存在するのか、奇跡の星はどのように誕生したのか、なぜ、地球に生物が住めるようになったのかなどを知っておきましょう。

そして、地球以外の太陽系の惑星についても理解を深めておきましょう。他の惑星と比較することで、地球への理解も進みます。惑星の並びは「水金地火木土天海」。その中で、各惑星が地球型惑星と木星型惑星のどちらに分類されるのか、大気成分の違いや密度の違いなども、おおまかに覚えておいてください。

このあと気象を学ぶうえでは、「水」の存在は非常に重要となるのですが、その「水」が、どうして地球だけに存在するのか、その鍵は太陽からの距離にあります。また各惑星の表面温度なども、大まかに知っておきましょう。私の場合は、学習をスタートしたばかりのこの項目で、豊かな水や空気があることに意識を向けることができて、「気象の学習は机上の知識の詰込みではないんだな、私たちが生きている環境を学ぶということなんだな」と、学ぶことを非常に楽しみに思った記憶があります。

2 太陽系の惑星

太陽系の惑星からの出題頻度は高くはありませんし、出題されるときも、あまり細かな知識を問われることはありませんが、それぞれの違いや、大気の起源などについては覚えておきましょう。

▼太陽系の惑星

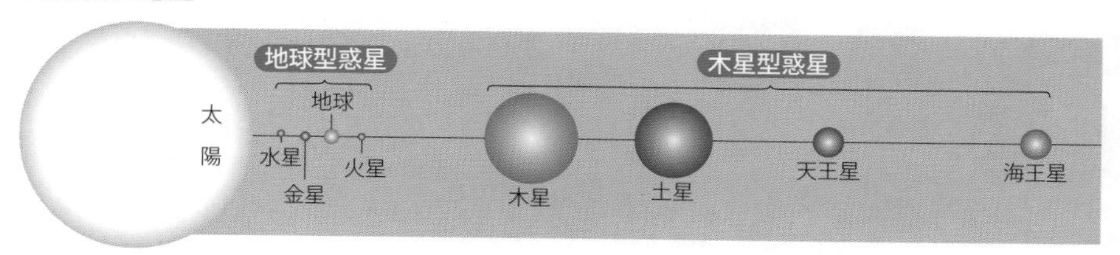

▼地球と主な惑星の特性

	地球型惑星				木星型惑星			
	水星	金星	地球	火星	木星	土星	天王星	海王星
主な大気成分	なし	二酸化炭素	窒素 酸素 アルゴン	二酸化炭素	水素 ヘリウム	水素 ヘリウム	水素 ヘリウム	水素 ヘリウム
太陽からの距離（地球＝1）	0.39	0.72	1	1.52	5.20	9.54	19.18	30.06
体積（地球＝1）	0.06	0.88	1	0.15	1316	755	67	57
質量（地球＝1）	0.06	0.82	1	0.11	318	95	15	17

3 大気の鉛直構造

ここ大気の鉛直構造については、出題頻度の高いところです。しっかりと頭に入れておきましょう。

4つの層の特徴を理解

大気圏は4階建てです。私たちの感覚では、山登りをすると気温がどんどん下がっていくため、地球大気は上空にいくほど、どこまでも気温が下がり続けるようなイメージがあるかもしれませんが、実際は上空にいくにしたがって、気温が下がっていく層、上がっていく層があるのです。気象学では、その特徴から4つの気層に分けて名前が付けられていて、下層から順に、対流圏、成層圏、中間圏、熱圏となっています。それぞれの層の特徴と、気温グラフが折れ曲がる部分、つまり境目の名前や、高度、気温などを覚えておきましょう。大気の鉛直分布の図は、自分でも書ける程度に、頭に入れておいてください。そして「その層が、なぜ、そのような気温の変化をしているのか」が最も大切なポイントです。

▼地球の大気の鉛直分布

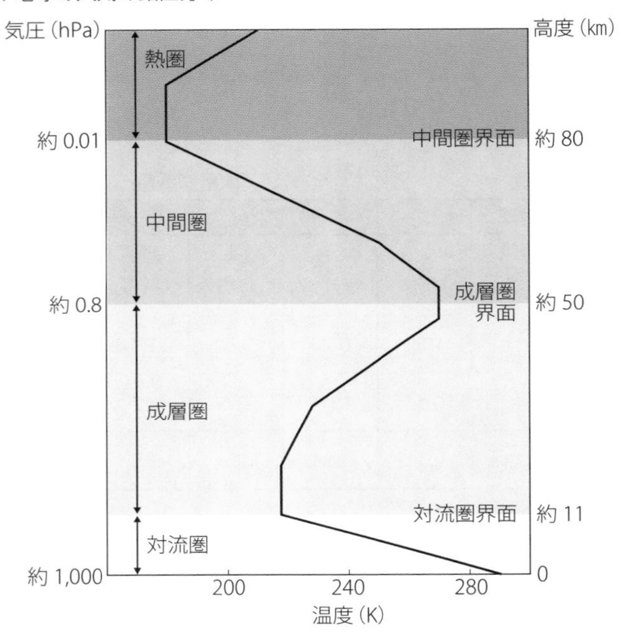

4 温度の分布の理由

成層圏の気温分布とオゾン層

試験で問われるポイントは、「なぜ、このような温度分布になっているのか？」です。成層圏の上層で気温が高いのは、オゾンが紫外線を吸収するときに熱を発生して、大気を加熱しているからなのですが、ここでよく出題されるのが、オゾン密度の極大と、成層圏の温度が極大になる高さが異なることです。オゾン密度が最も大きな高度、つまりオゾンが最もたくさんある高度は約25km付近にもかかわらず、気温が極大となる高度はそのずっと上で、成層圏界面あたりの約

50km付近となっています。考えれば不思議ですよね。ここが頻出ポイントなのです。

その理由は、二つあって、一つ目は紫外線が上層にあるオゾンに吸収されて、弱まりながら下層に届くため。二つ目は、熱容量（物質の温度を1℃高くするために必要な熱量）も関係していて、上層ほど大気が薄いために、少しの熱で温まりやすいのです（これは、スプーン1杯の水を温めるのは簡単ですが、たっぷりのお鍋のお湯を温めるにはかなりのエネルギーが必要なのと同じ理屈です）。そのため、一番大気が薄い上層で温度が極大となるのです。

この頻出ポイント、理解できましたか？

では、何を問われているのかを先に理解したうえで、実際の試験ではどのような出題となっているのか、問題文をじっくり見比べてみましょう。

[過去問]

[49回] 平成29年度　第2回　一般知識　問1

(c) 成層圏において気温が最も高くなる高度は、オゾンの数密度が最大となる高度と一致する。 解答 ▶ 誤

[46回] 平成28年度　第1回　一般知識　問1

(a) 成層圏では高度が高いほどオゾンの数密度が大きく、気温が極大となる成層圏界面付近でオゾンの数密度が最大になる。 解答 ▶ 誤

[37回] 平成23年度　第2回　一般知識　問1

(c) オゾンの数密度は、平均的に高度約50kmにある成層圏界面付近で最大となる。 解答 ▶ 誤

[33回] 平成21年度　第2回　一般知識　問1

(b) オゾンは太陽の紫外線を吸収するために、成層圏ではオゾンの数密度が最大となる高度で温度が極大となっている。 解答 ▶ 誤

[32回] 平成21年度　第1回　一般知識　問1

(b) 成層圏で最も温度が高い層の高度は、太陽からの紫外線を吸収し大気を加熱する効果を持つオゾンの数密度が最も大きい高度と一致する。 解答 ▶ 誤

比較的、新しい問題では次のような図を使った問題も出題されています。

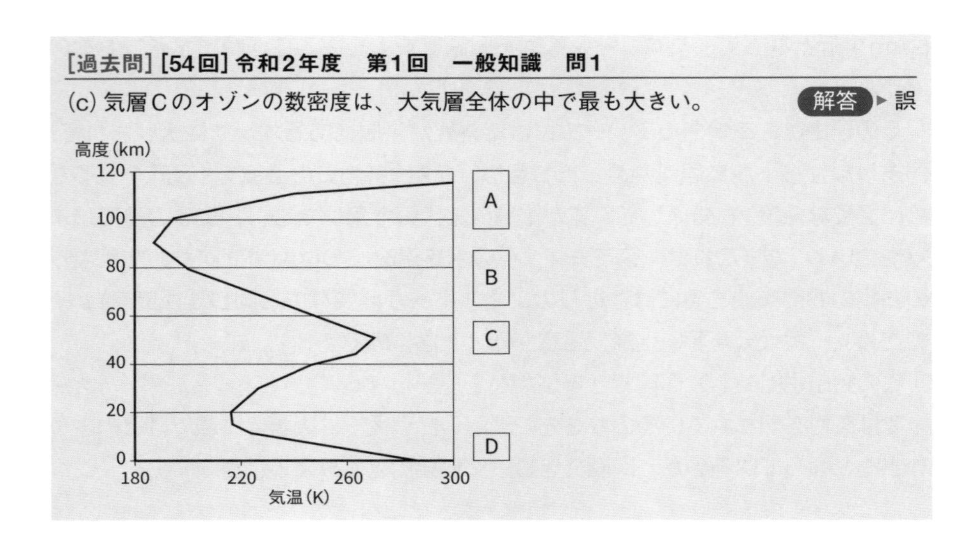
[過去問] [54回] 令和2年度　第1回　一般知識　問1

(c) 気層Cのオゾンの数密度は、大気層全体の中で最も大きい。　解答 ▶ 誤

いかがでしょうか。表現の違いこそあれ、出題の意図という点では、すべて同じ問題だということがわかりますね。出題者は、オゾンの数密度の極大と気温の極大の高度が一致しないことを、知っているかどうか確かめたいのです。ちなみに、答えはすべて「誤」になっていることにも注目です。

このように、重要となるポイントは、どの年度でも表現を変えて繰り返し出題されているのです。気象予報士試験には、馴染みのない言葉が並んでいるので、最初はそれだけで難しく感じてしまう方も多いようなのですが、慣れれば比較的素直な出題であることがわかると思います。

さらに、「もし自分が出題者だったら、次の試験ではどのような問題にするだろう」と常に考えてみることも大切です。たとえば「あぁ、またこの問題か」と、早とちりしそうな受験生の注意力を確かめたいというのが意図であれば、私なら紫外線を「赤外線」と書き換えた問題を作成するかもしれません。回を重ねた試験であることもあって、最近の出題は、「え？　そこ？」という言語が、ひっかけになっていることが増えているのも、一つの傾向といえます。

ときどき、「今回の問題作成者は意地が悪い」などと、出題に文句を言っている受験生の声が聞こえてきます。合格させないように、ひっかけ問題を作っているに違いないなどととらえれば、そう見えなくもない問題も、よくよく考えてみれば、何かしらの意図があるのですね。先ほどの「注意力」を確認したいというのが意図だとすると、その出題者は、実際の現場で常々、気象予報士は細かな点に気づける注意力が必要、と感じているのかもしれません。あくまでも、一つのたとえですが、こうした、一つひとつの問題の意図を汲み取れるようになると、合格がぐっと近づいてきます。この先、多くの項目を学んで、たくさんの問題を解いていくことになりますが、出題者の視線や意図、なぜ、どうして、を常に頭において学習を進めてみてください。

中間圏と熱圏

中間圏界面の高度約80kmまでは、乾燥空気の成分比がほぼ一定であるということも、繰り返し出題されるポイントです。80kmまでは大気の運動が活発に起きていて、空気はよくかき混ぜられているということを理解しているかどうか、問われているのだと思います。

また、高度約80kmより上の熱圏では、複数の電離層が存在すること、光電離、光解離についても学習しておきましょう。

3-3

大気の熱力学

1 数式・単位に拒否反応はありませんか？

意味がわかれば記号も簡単

「大気の熱力学」は、非常に大切な項目です。学び始めに、いきなりの山場がやってきます。正直、私はここでひるみました。数式のオンパレードで、Δだの、lnだの、Σだの……馴染みのない記号がズラリと並ぶテキストを前に、勝手に「気象予報士試験＝困難」と諦めモードに入ってしまいました。

難しいと思い込んだ状態では、まるで脳が拒否するかのように、何度テキストを読んでも内容が頭に入ってきません。学習をスタートしたばかりなのに早くもスランプ。わからないページを眺めてはため息、翌日もまた同じページから始めようとして、また挫折……。なかなか前へ進めなかったのです。

しかし、気象予報士となった今だからこそ断言します。勝手に難しいと思い込むのは、やめましょう。気象予報士試験に、微分、積分や難解な数式をスラスラと解ける力が求められるかというと、そんなことはありません。馴染みのない記号は、意味を理解していけばそれで十分です。大気の熱力学は、気象学の最も基本となるところですが、最も難しいといわれているところでもあります。この項目の学習を、クリアできるかどうかが、一つの山といえます。ただし、全範囲がずっとこの難度で続いていくわけではないので、安心してくださいね。

単位は計算の仕方を教えてくれる

たとえばですが、単位一つとっても「ms^{-2}」や「kgm^{-3}」だの、「$JK^{-1}kg^{-1}$」だのと並んでいるだけで「なんだか難しそう」と感じてしまう方もいるかもしれませんね。でも、記号の右肩に数字（乗数）が書かれているという表現方法に馴染みがないだけで、内容を理解すれば拒否反応も和らぐはずです。

ちなみに、右肩の数字は指数といって、何回掛け算をするかを表したもので、プラスの数字なら掛け算、マイナスがついていれば割り算を表します。s^2とあればsを2回掛けること、s^{-2}とあればsで2回割ることを表しています。

わかりやすいところから始めると、速度を求める計算は「距離÷時間」ですから、「m÷s」となりますね。これを、小学校ならば「m/s」という書き方にするところを、「ms^{-1}」という表し方にしているだけなのです。表現方法が違うだけで、意味は変わりません。難しくないですよね？

では、加速度はどうでしょう？　一定時間内の速度の変化のことなので、「速度÷時間」となりますから「ms^{-1}÷s」となり、単位は「ms^{-2}」となるわけです。「なんだ、そうか！」と思えたらもう、拒否反応はなくなりませんか？

単位がヒントになる問題も

ここで、もう少し単位について考えてみましょう。単位は難しいどころか、逆に計算の仕方を教えてくれる便利なものでもあります。

たとえば、密度の単位は「kgm^{-3}」です。「密度はどうやって求めるんだっけ？」とわからなくなっても、単位を見れば「kg÷m^3」であることがわかります。「質量を体積で割ればいいんだ！」と思い出すことができるわけです。

ずいぶん前の出題になりますが、このような問題がありました。

[過去問] [13回] 平成11年度　第2回　一般知識　問2

気圧の次元を$M^{\alpha} L^{\beta} T^{\gamma}$で表すとき、次の①～⑤のうちから正しいものを一つ選べ。ただし、M：質量、L：長さ、T：時間、である。

	α	β	γ
①	1	−3	0
②	−3	1	0
③	1	1	−2
④	1	−1	−2
⑤	1	2	−2

解答 ▶ ④

解説

これは、気圧の単位を求める問題です（M：質量、L：長さ、T：時間）。

速度は「長さ÷時間」で「$L \div T = LT^{-1}$」。加速度は、さらに時間Tで割ると求められるので「$LT^{-1} \div T$」となり「LT^{-2}」。力の単位は、質量に加速度を掛けて求めるので「MLT^{-2}」。

問題の気圧は単位面積当たりの力になるので、力の単位「MLT^{-2}」を面積「L^2」で割ればよいですね。

$MLT^{-2} \div L^2 = MLT^{-2} \times L^{-2} = ML^{-1}T^{-2}$

こうやって圧力の単位を求めることができるわけです。

最近の問題だと、次のような問題があります。

[過去問] [57回] 令和3年度　第2回　一般知識　問8

一般に、物理学の次元は質量をM、長さをL、時間をTとする$M^a\ L^b\ T^c$の形式で表すことができる。たとえば、重力加速度の次元は$M^0\ L^1\ T^{-2}$となる。気圧およびコリオリパラメータの次元をこの形式で表すとき、a、bおよびcの数値の組み合わせとして適切なものを、下記の①～⑤の中から一つ選べ。

	気圧	コリオリパラメータ
①	a=1、b=2、c=－1	a=0、b=0、c=－1
②	a=1、b=1、c=－2	a=0、b=1、c=－2
③	a=1、b=1、c=－2	a=0、b=1、c=－1
④	a=1、b=－1、c=－2	a=0、b=0、c=－1
⑤	a=1、b=－1、c=－2	a=0、b=1、c=－2

解答 ▶ ④

解説

気圧の単位については先ほどの問題でも解説した通りで$ML^{-1}T^{-2}$となります。ここから解答は④か⑤のどちらかになりますね。

コリオリパラメータとはコリオリ因子とも呼ばれ、$2\Omega \sin\phi$（＝ f ）と書くことができます。Ωは地球の自転角速度のことで、地球が1秒間あたりにどのくらい自転しているかを表す数値のことです。その単位はs^{-1}（＝／ s ）となります。sinは三角関数のひとつの正弦でφは緯度になります。

これらをまとめると、コリオリパラメータの単位は$2 \times \Omega (s^{-1}) \times \sin \phi$で$s^{-1}$になります。sとは秒のことで時間になるため、$T^{-1}$となります。

このように近年の問題でも、単位が問題を解く際のヒントになっていることもあるので、よく理解しておきましょう。

2 静力学平衡（静水圧平衡）も難しくない

Δ（デルタ）って何？

さて、実はここまでが前置き。ここからは、「静力学平衡（静水圧平衡）」についてです。静力学平衡とは、大気中の空気塊に働く重力による下向きの力と、鉛直方向の圧力傾度がつり合っている状態のことをいいます。いきなり飛躍するように感じるかもしれませんが、これまでの単位の話と、実は同じです。

静力学平衡の式は非常に重要！　でも、$\Delta p = -\rho g \Delta z$という式の「Δ」（デルタと読みます）を見ただけで、「？」と感じてしまう文系の方は、さらにその式の説明の「$p + \Delta p$」や「$z + \Delta z$」を見たら、「難しい」と感じてしまうはず。そういう場合も、単位の勉強で右肩の数字の意味がわかれば実は簡単だったように、Δの意味を理解すれば大丈夫。Δは「差」という意味です。

空気にも質量がある

静力学平衡を理解する際は、直方体を切り取った次ページ図1のような図がテキストによく登場しますね。でも、Δがつく説明が苦手なら、こう考えてみましょう。

まず、図2のように底面積が$1m^2$で高さzの直方体を考えます。ここで、密度ρ（ローと読みます）は$1m^3$当たりの質量とすると、その直方体の質量は、高さを掛ければ求められます。直方体の質量はρzになります。

直方体には、重力による下向きの力が加わります。この下向きの力は、質量×重力加速度で求められるので$\rho z \times g$となり、下向きの力はρgzになります。

下向きの力が働くのになぜ落ちないのかというと、それは、直方体の上と下にかかる圧力が違うからです。上空の気圧と、地面付近の気圧が異なるように、直方体にかかる圧力も、上より下にかかる圧力のほうが大きいのです。

▼静力学平衡（図1）　　▼静力学平衡（図2）

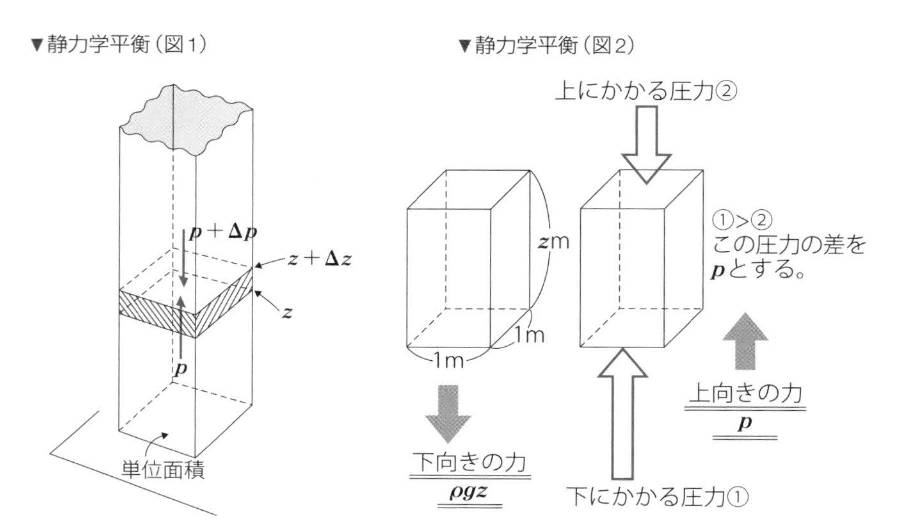

この圧力の差をpとします。

直方体には、この圧力の差pの分だけ、上向きの力がかかることになります。直方体が落ちてこないのは、下向きの力ρgzと、上向きの力pがつり合っているからです。式は「$p=-\rho gz$」となります（上向きを＋と考えると、下向きの力には－がつきます）。

ほら、これ、Δがついていないけれど静力学平衡の式でしょう？　テキストでお馴染みの式、「$\Delta p=-\rho g\Delta z$」と同じです。Δpは圧力の差、Δzは高さの差を表しているだけです。

式が何を意味しているのかを、自分なりのレベルで理解すればよいのです。理解できると、自分の中に「ストン！」と落ちるような感じがします。言葉にすると、「納得！」の瞬間なのかもしれませんね。

この先も、たくさんの数式に出会うことになりますが、その都度、意味を理解し、「なるほど！」「そっか！」「納得！」「ストン！」を、一つひとつ積み重ねていきましょう。わかる！　というのは単純に楽しく嬉しいこと。一つひとつをドンドンドンドン積み重ねていくことが、合格へ近づいているということなのです。

解説がハイレベルすぎることもある

ここで一つ注意してほしいことがあります。

学習は基本的にテキストと問題集を何度も往復し、たくさんの問題に触れるのが最も効率的だと思いますが、項目によっては解説を読むと余計に混乱することがあるという点です。

というのも、概念が理解できていれば正解を導けるような問題でも、こと解説となるとやたらに数式が登場することが多いのです。特に、大気の熱力学からの出題に関しては、単純な比率計算で解けるような問題でも、難解な数式を使って長々と解説されていたりします。数学が得意な方なら、そのほうがストン！　と理解できるのかもしれませんが、文系の方には頭の中が「？」でいっぱいになるのではないでしょうか。

こういうとき、躍起になって解説の数式と向き合う必要はありません。解説はあくまで解説。出題よりもレベルが高いことも多々あるのです。学習がもう少し進めば、楽に読めるときがくるかもしれませんし、私のようにいまだに「この解説は難しすぎる」と、一向に理解できないままかもしれません。でも、大切なのは、問題で問われている内容が理解できているかどうかということです。自分のレベルを解説のレベルまで無理に引き上げる必要はありません。試験をクリアできるレベルまで知識を積み重ねればそれでよいのです。とにかく、難しいと思い込むのはやめて、理解できる範囲を少しずつ増やしていきましょう。

さて、話を元に戻します。

単位と静力学平衡についての説明が長くなりましたが、大気の熱力学では、他にも非常に重要な内容を続けて学習することになります。専門用語が一気に押し寄せてくるように感じるかもしれませんが、一つひとつを独立した知識としてインプットするのではなく、それぞれのつながりを意識しながら学習しましょう。気象学には、ひとつの大きな流れのようなものがあるので、その流れを感じながら進めていくとよいと思います。大気が熱を受け取ったり失ったりするとどうなるのか、一つひとつ見ていきましょう。

3 気体の状態方程式を覚えよう

・気体の状態方程式

$$P=\rho RT$$

この式は気象学の基本となる式なので、覚えておきましょう。Rは気体定数といって決まった一定の数字ですが、そのほかのP(気圧)、ρ(密度)、T(温度)は、それぞれに関係しあっているということを表す式です。気圧は、密度と温度が決まれば計算できますし、比例や反比例の関係もこの式からわかります。

数式にすると難しく感じられることも、式が何を意味しているのかをよくみていくと、すでに知っている基本的なことだったりします。たとえば気圧Pが一定のとき、密度ρと温度Tはどう関係しているのかよく見ると、式から「ρとTが反比例の関係にある」ことがわかります。つまり、温度が上がれば密度は小さくなり、温度が下がれば密度は大きくなるということが、この式でわかります。やさしく言いかえると、「暖かい空気は軽く、冷たい空気は重い」ということです。簡単ですね。このように表現に馴染みがないだけで内容は基本的であることも多いのです。一つひとつの内容を理解していきましょう。

先ほどのたとえ「ρとTが反比例の関係にある」ということを、「空気を圧縮すると温度が上昇し、空気を膨張させると温度が下降する」と表現することもできますね。このイメージは、空に雲ができる過程でとても大切です。公式を丸暗記するだけではなく、気圧と密度と気温の関係性をイメージし、しっかり理解しておきましょう。

4 乾燥断熱減率と湿潤断熱減率

断熱

気象学では、「空気のかたまり(空気塊(くうきかい))を、上昇させたり下降させたりするとどうなるか」ということを頻繁に扱います。そこでまずは「断熱」という概念を理解しましょう。

空気塊に対して、熱の出入り（交換）がないことを「断熱」といいます。私たちは地表面に暮らし、お日さまの力で空気が暖められるのを肌で感じますから、熱の出入りがないといわれても違和感があるかもしれません。しかし、実際は100mくらいより上空にある空気は、1日程度であれば、空気塊と周囲の空気との間で熱の出入りはほとんどありません。温度が変化するのは、空気塊が膨張や圧縮をするためです。

ですから、このあと、空気塊を上昇させたり下降させたりするとどうなるか、ということを掘り下げて学習していきますが、基本的には「断熱」として扱うということを覚えておいてください。

断熱変化

では、熱の出入りのない「断熱」であるのに、なぜ空気塊が上昇したり下降したりすると、空気塊の温度が下がったり上がったりするのでしょうか？　不思議だな、と感じませんか？　それは空気塊の内部のエネルギーが消費されたり増加したりするからです。

空気塊が上昇すると、気圧が下がり空気塊が膨張します。この膨張は、外部に仕事をするということです。膨張という仕事に使われるエネルギーは、内部のエネルギーを使うことになるので、エネルギーを消費した分だけ温度が下がるのです。

空気塊の下降は、これと逆のことが起こります。このような変化を「断熱変化」といいます。

乾燥断熱減率と湿潤断熱減率の違いを知ろう

断熱と断熱変化について理解できたら、次は、「乾燥断熱減率」と「湿潤断熱減率」について学習します。

同じ「断熱変化」でも、飽和していない空気と飽和している空気の場合では、温度が変化する割合が異なりますから、分けて考えるのです。

乾燥断熱減率に湿潤断熱減率と、文字が並ぶと漢字ばかりで難しそうに感じますが、内容はといえば、これまた、実は中学校の理科で、すでに学んでいます。

空気塊が上昇するとき、雲ができ始めるまでは100mごとに1℃ずつ気温が下がり、雲ができ始めると100mごとに0.5℃ぐらいずつ気温が下がっていくと習いましたよね。雲ができるというのは、空気中の水分が、凝結して小さな水の塊になるということですから、凝結熱が発生するために、気温が下がる割合が小さくなるということです。ここでも、言葉に馴染みがないだけで、内容はすでに知っていたりするのですね。

雲ができ始めるというのは、空気の飽和を表していて、飽和していない空気と、飽和している空気について、分けて表現しているだけです。飽和していない空気の温度の変化の割合が「乾燥断熱減率」、飽和している空気の温度の変化の割合が「湿潤断熱減率」です。

▼乾燥断熱・湿潤断熱

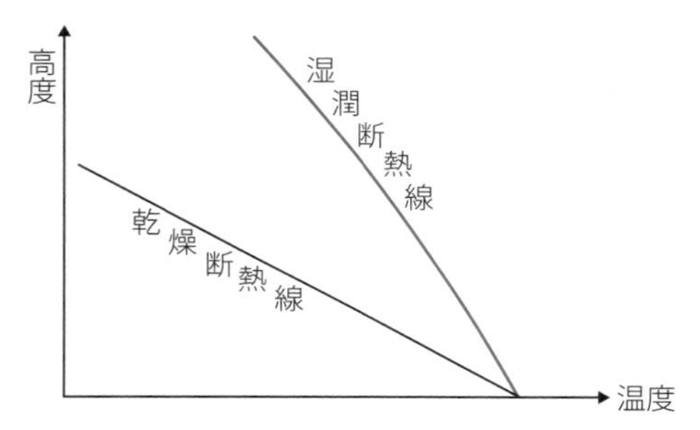

ここで、気象学でよくあることなのですが、表現上、そのほうが便利だからということで、気象学で使う言葉と普段使う言葉の定義が、少し異なる場合があります。たとえば、今回の「乾燥」という言葉も、空気は本来、水蒸気を含んでいるので湿潤なのですが、飽和するまでは乾燥大気として扱っても問題はないということで、「乾燥」断熱減率と表現しているのです。飽和前と飽和後を区別するために用いている表現ということですね。

気象の世界では、今後もこのような言葉の使い方をすることが多いということも、頭の片隅に置いておいてください。

この乾燥断熱減率、湿潤断熱減率に関する出題としては、過去にこのような問題がありました。

[過去問] [45回] 平成27年度　第2回　一般知識　問3

図のような東西断面を持つ山脈があり、西側山麓の標高は東側山麓よりも500m高い。この山脈の西側山麓では西風が定常的に吹いており、湿潤空気が西側斜面に沿って上昇し、山頂よりも1000m低いところから山頂までの間では水蒸気が飽和して凝結により雲が発生している。湿潤空気が山頂に達すると雲は消え、空気は東側斜面に沿って下降して東側山麓に到達している。

西側山麓の気温が25.0℃であるとき、東側山麓の気温として最も適切なものを、下記の①～⑤の中から一つ選べ。なお、湿潤断熱減率は0.5℃/100m、乾燥断熱減率は1.0℃/100mとし、凝結した水蒸気はすべて雨滴となって西側斜面に落下し、斜面に沿って移動する空気と地表面などとの間で熱のやり取りはないものとする。

① 25.0℃
② 30.0℃
③ 32.5℃
④ 35.0℃
⑤ 40.0℃

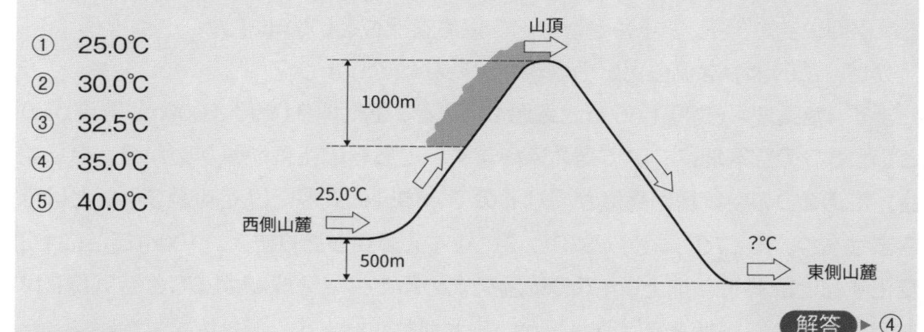

解答 ▶ ④

解説

空気塊が山越えをすると、どのように温度が変化するかという計算問題です。要は、乾燥断熱減率と湿潤断熱減率の違いを理解しているかどうかを確認しているわけです。雲ができているところ、つまり山頂から1000m低い高度から山頂までの間は、飽和しているので湿潤断熱減率（0.5℃/100m）で変化します。そのほかは、すべて乾燥断熱減率（1.0℃/100m）で変化します。

では、実際に温度変化を順に追っていきましょう。雲のでき始めをx℃とすると、1000m上の山頂までは湿潤断熱減率で気温が変化していくので、山頂の気温は$x-5$℃になります。そこから東側山麓に向けては、すべて乾燥断熱減率で気温が変化していくので、100mにつき1℃の割合で気温をプラスしていくと、まず、a地点（西側の雲のでき始めと同じ高度の東側）で$x+5$℃となります。ここで、西側に比べて東側では、同じ高度では＋5℃の状態であることが理解できます。そのまま東側山麓まで、100mにつき1℃ずつ気温が変化していくので、b地点（西側山麓と同じ高度）

では、25℃より5℃高い30℃となり、東側山麓は西側山麓より500m高度が低いため、さらに＋5℃となり、東側山麓に達したときの空気塊の気温は、35.0℃になります。したがって、解答は④になります。

5 温位と相当温位

温位

ここで、よく理解してほしいのは「温位」についてです。飽和していない空気を1,000hPaまで断熱変化させたときの温度を温位といいます。

なぜ、このような温位という表現が必要なのでしょう？

まず、空気塊A（高度1,500m、気温10℃）と、空気塊B（高度3,000m、気温0℃）という2つの空気塊について考えてみます。どちらの空気が暖かいかを比べる場合、この2つの空気塊は高度が異なるので、単純に気温だけで判断することはできませんね。そこで、同じ高度にして比較する必要があります。100mごとに1℃変化すると計算し、地上0mでの気温を求めると、空気塊Aは25℃、空気塊Bは30℃となり、空気塊Bのほうが暖かいことがわかります。

温位という表現が必要なのは、これと同じです。実際の大気も、高度が異なる場合はどちらが暖かい空気でどちらが冷たい空気かわかりません。異なる高度の空気塊を比べるために、同じ高度にしたときの値が必要なのです。そこで、1,000hPaという基準での値を温位としているわけです。

▼温位

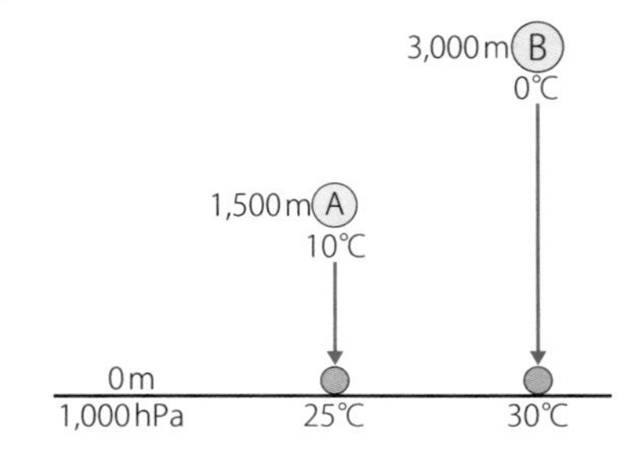

大気の熱力学の項目で学ぶ内容は、この先も一見難しそうなものです。でも、乾燥断熱減率と温位について、しっかり順を追って理解しておけば大丈夫。先ほども、乾燥断熱が理解できたら、次に実際の空気は水を含むことを考えましたね。空気塊が上昇し飽和して凝結が始まると、潜熱によって空気塊が加熱される分だけ、気温の下がり方（減率）は小さくなることも含めて考えました。これが湿潤断熱減率でした。

さらに先へとイメージを進めていくと、空気塊の中の水蒸気は凝結し、次第に雨粒や雲粒となり、いずれは雨や雪となって、空気塊から落ちてしまいます。そうすると、内部のエネルギーが減ってしまうので、温位は一定ではなくなりますから、空気塊の温度を温位という値だけでは表現できなくなります。

相当温位

そこで、「相当温位」という表現が登場します。

相当温位は、空気塊の水蒸気をすべて外に出してしまったときの温位の値で表現します。この相当温位を求める過程をエマグラム上で理解していれば、相当温位は必ず温位より高くなることがわかります。そうすると、フェーン現象のしくみを理解することも難しくありません。

ここまでの学習内容を、段階を追って、しっかりと理解できていれば、大気の静的安定度についても理解することは難しくありません。空気塊が少し持ち上げられると、その空気塊がさらに上昇しつづけるような状態のことを不安定といい、反対に、空気塊を少し持ち上げてもすぐに元に戻ろうとする状態を安定といいます。

加えて、ここでは、逆転層についてもどのような要因で発生するのかと、それぞれのエマグラム上の特徴も覚えておきましょう。

用語解説

潜熱　物質が温度を変えずに変化するときに必要な熱のこと（融解熱・蒸発熱）。放出されると周囲の空気を暖め、吸収すると周囲の空気を冷やす効果がある。

エマグラム　縦軸に気圧、横軸に気温をとり、各気圧面での大気温度と露点温度を示したグラフのこと。

逆転層　高度が上昇するほど気温が上昇する気層（空気の層）のこと。普通、気温は対流圏では高度が上昇すると低下する傾向があるが、それとは逆になっている。放射冷却などによって起こる。

▼逆転層のエマグラム

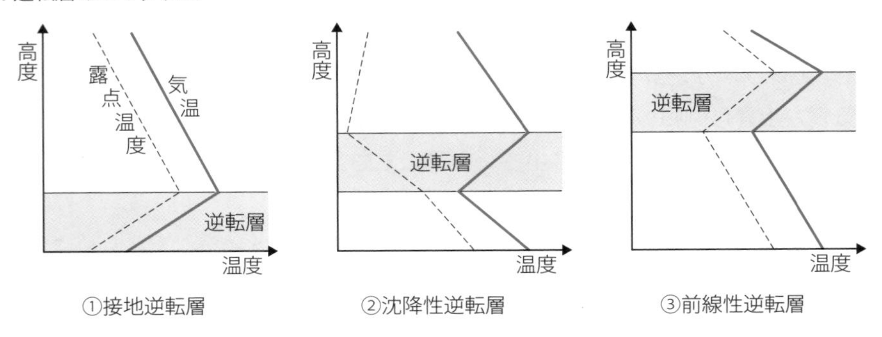

熱力学の内容を一通り理解し、過去問題で正解が導けるレベルに達した方は、まだまだ全範囲は学習していないにしても、一般知識に関してはひとまず安心してください。この項目を理解できる力があれば、試験合格レベルをきっとクリアできるはずです。この先も一歩一歩前進あるのみです！

この項目は、空気中の水分が雨やあられ等の降水となって落ちてくるまでの過程を扱います。空にある雲や降ってくる雨など、普段目にするものが学習内容なので、大気の熱力学に比べるとぐっと身近に感じられると思います。

まず、空に浮かぶ「雲」は、空気中の水蒸気が凝結した状態で空気中にとどまっているものです。粒が小さいうちは、空気との摩擦や上昇流を受けて地上に落ちてこないのですが、ある程度粒が大きくなると落ちてきます。

大切なのは、その過程です。

水滴がどのようにしてできるのか、そして、その小さな粒がどのようにして大きく成長していくのかです。

ここでは難解な数式はあまり出てきませんし、学習内容もイメージしやすいので、一つひとつの内容を丸暗記するのではなく、水蒸気が降水となるまでのプロセスを把握し、理解しましょう。

まずは、どのようにして小さな水滴や氷の結晶ができるのかを学びます。ここでは、エーロゾルと、飽和度、表面張力などがカギとなります。また、できたての小さな水滴が、雨粒となって落ちてくるまで、どのようにして大きく成長するのかを学びます。

1 暖かい雨

小さな雲粒が、雨粒となって降ってくるまで、一度も氷の結晶を生じない雨のことを、「暖かい雨」といいます。乾燥断熱減率の「断熱」のように、気象学では、よく対比のために便利だからという理由で、定義に対の言葉が用いられることが多いので、日本語としての定義をよく考えるとハテナ？　となるような表現がたくさんあります。暖かい雨もその一つですね。実際に降ってくる雨が、暖かいというわけではありません。地上に雨となって落ちてきている状態としては、暖かい雨も冷たい雨も同じなのですが、その過程で、氷として冷たい過程を経たか経ていないかということで、暖かい雨、冷たい雨と言葉を使い分けています。

話を戻すと、ここでは、清浄な空気中では水滴ができにくいこと、その理由は表面張力が水蒸気の凝結を妨げるためであること、実際の大気には、塵やほこりなどの微粒子(エーロゾル)が浮遊していて、水蒸気が凝結するときの核の役割をするということを、しっかりと理解しておきましょう。また、凝結してできた非常に小さくて軽い雲粒が、大きな雨粒にまで成長する過程はとても大切です。拡散過程、併合過程という二つの過程についても理解を深めておきましょう。

水滴の落下速度、凝結過程、併合過程、水滴の半径の成長する割合などを、粒の大きさをイメージしながら、しっかりと学習していきましょう。

2 冷たい雨

「暖かい雨」について理解できたら、次は「冷たい雨」についてです。

暖かい雨と異なる点は、冷たい雨はいったん氷を経てから降るというところです。融けずに地上まで落ちてきたものが、雪やあられ、ひょうなのです。冷たい雨が降ってくるまでのプロセスとして、氷晶がどのようにできるのか、氷晶核や、過冷却水滴などについて、理解していきましょう。

水蒸気は、水よりも氷と結合しやすい

ここで、過去の試験で何度も問われている大事なポイントがあるので押さえておきましょう。

それは、「氷面に対する飽和水蒸気圧は水面に対するものより低い」ということです。

[過去問] [48回] 平成29年度　第1回　一般知識　問5

暖かい雨と冷たい雨の過程に関する次の文章の空欄 (a) ～ (c) に入る適切な語句の組み合わせを、下記の①～⑤の中から一つ選べ。

暖かい雨では、雲粒が (a) 過程により成長し、大きな雲粒が落下経路にある小さな雲粒と衝突し、これらを併合して加速度的に大きくなり、雨滴として地上に達する。

一方、冷たい雨では、氷面に対する飽和水蒸気圧は水面に対するものより (b) く、水蒸気は氷晶に対してのほうが (c) になりやすいため、過冷却雲粒と氷晶からなる雲においては氷晶のほうが速く成長し雪となって、あるいはこれが融解して雨となって地上に達する。

	(a)	(b)	(c)
①	昇華	高	過飽和
②	昇華	低	未飽和
③	凝結	高	未飽和
④	凝結	低	未飽和
⑤	凝結	低	過飽和

解答 ▶ ⑤

解説

とても基本的な出題ですね。知識に従って穴埋めをしていくだけです。解答は⑤になります。

同じ知識を問う場合でも、表現は少しずつ異なりますから、他の問題の表現をいくつか見比べてみましょう。

[過去問]

[55回] 令和2年度　第2回　一般知識　問4

(b) 過冷却の雲の中で水滴よりも氷晶のほうが速やかに成長する要因は、0℃以下では氷の表面に対する飽和水蒸気圧が水の表面に対するそれよりも小さいからである。

解答 ▶ 正

[51回] 平成30年度　第2回　一般知識　問5

(c) 過冷却雲内において水滴と氷粒子が併存するとき、昇華凝結過程による氷粒子の成長は、凝結過程による水滴の成長よりも速い。 解答▶正

[45回] 平成27年度　第2回　一般知識　問4

(c) 温度が0℃よりも低く水面に対して飽和している空気は、表面に対しては過飽和の状態にある。 解答▶正

[38回] 平成24年度　第1回　一般知識　問4

(c) 0℃以下の温度では、氷晶に対する飽和水蒸気圧は、同程度の大きさを持つ水滴に対する飽和水蒸気圧よりも大きい。 解答▶誤

[37回] 平成23年度　第2回　一般知識　問5

(a) 気温が0℃以下のとき、空気が氷晶に対しては過飽和で、過冷却水滴に対しては未飽和になることはない。 解答▶誤

[36回] 平成23年度　第1回　一般知識　問4

(c) 0℃以下では、氷面に対する飽和水蒸気圧の方が水面に対する飽和水蒸気圧よりも低い。このため、過冷却雲中において水滴と氷粒子が併存するときには、昇華凝結過程による氷粒子の成長は凝結過程による水滴の成長より遅い。 解答▶誤

これらはすべて、同じことを扱っている問題ですね。表現が違うだけです。では、この延長線上で、次の問題も解いてみましょう。

[オリジナル問題]

文章の空欄 (a) ～ (c) に入る数字・語句の組み合わせを、下記の①～③の中から正しいものを一つ選べ。

たとえば－10℃では、過冷却水に対する飽和水蒸気圧は (a) hPaで、氷に対する飽和水蒸気圧は (b) hPaである。このため、過冷却雲中に共存する氷晶と水滴では、(c) のほうが速く成長する。

	(a)	(b)	(c)
①	2.86	2.60	水滴
②	2.60	2.86	氷晶
③	2.86	2.60	氷晶

解答 ▶ ③

解説

繰り返しになりますが、水滴と氷晶が共存する場合は、飽和水蒸気圧の差から、水滴よりも氷晶の方が速く成長するということで、解答は③になります。

何度も出題されるポイントは、このように自分でも問題を作ってみましょう。問題を解けるレベルと、解説できる、または問題が作れるレベルは、似ているようで基準が異なります。ですから、常に、出題者側の視点や発想を持つように心がけると、基準が上がって力がつきますよ。

3 過去問題も参考書として使える

降水過程の項目に関しては、参考書に目を通す前に問題文と解説を読むだけでも、かなりの内容を理解することができます。

たとえば、次の問題を見てみましょう。

[過去問] [19回] 平成14年度　第2回　一般知識　問5

氷晶等の氷粒子が関与しない場合の雲粒の生成と成長に関して述べた次の文章の下線部①～⑤の記述のうち、誤っているものを一つ選べ。

清浄な大気中では、相対湿度が100%を超えても、雲粒はなかなか生じない。これは、水滴の①表面張力が水蒸気の凝結を妨げる方向に働くからである。しかし、大気中には多くの微粒子（エーロゾル）が浮遊しており、水滴に対して平衡する水蒸気圧を②大きくする効果を持つエーロゾルを核として相対湿度がおよそ100%で雲粒が生成される。

雲粒は、二つの過程で成長する。一つは、雲粒を含んだ空気塊が上昇を続け、空気塊の水蒸気圧が水滴に対して平衡する水蒸気圧より大きい場合に、水蒸気が雲粒の表面に凝結して雲粒が成長する過程である。この過程では、③小さい水滴ほど速く成長するので、雲粒の大きさは一様になる傾向がある。

もう一つは、多数の雲粒の間に④落下速度の違いがあるとき、雲粒が互いに衝突・併合して成長する過程である。この過程は、⑤大きい水滴を短時間で形成する。

解答 ▸ ②

解説

解答は②。正しくは、小さくする効果。

問題文そのものが、この項目で学習する「暖かい雨」に関する内容を非常にコンパクトにまとめた文章となっています。長々と書かれた参考書を先に読むよりも概要をつかむことができるのでは？　と思うほどです。

近年の出題を見ても、この項目からの出題は素直な問題であることが多いので、一つひとつ知識を積み重ねておけば大丈夫です。

霧ともやの違い、それぞれの霧の発生要因、対流雲と層状雲の成因や特徴などの知識も、問題を数多く解いているうちに自然に定着してくると思います。また、実際の空を眺めて雲を分類するのもおすすめです。実技試験にも役立つ力がつきますよ。

3-5 大気における放射

ここでは、地球がエネルギーを受けとったり放出したりするエネルギー収支について学習します。学習内容としては、降水過程に比べると少しイメージしにくいというか、肌で感じにくい面があるかもしれません。

私たちの周りで起こる大気現象が、何を原動力としているのかというと、それは太陽から放射されるエネルギーなのですね。ですから、エネルギーの学習は、気象の源といえるものです。しっかりと理解することが必要です。気象予報士試験でも出題頻度の高い項目です。

1 ステファン・ボルツマンの法則

いきなりステファン・ボルツマンの法則だのプランクの法則だのとカタカナの法則を並べられても、すぐには頭に入ってこないかもしれません。でも大丈夫。ここでは法則が意味している内容を理解できれば十分です。

たくさんの法則をそのまま覚えようとしなくてもよいのです。内容を理解すれば、難しいことをいっているのではないことがわかります。「放射強度は物質の絶対温度の４乗に比例する」というステファン・ボルツマンの法則を例にとってみましょう。

強度だの絶対温度だの４乗だのと表現されると、なんだか暗記しないといけない難しいことのように感じますが、法則の内容は実はシンプルです。

そもそも、物質から電磁波という波が出てくるのはどうしてかというと、物質の分子の中で原子が運動しているからです。その振動が波となって伝わるのが電磁波なのです。となると、温度の高い物質からは、強い電磁波が出てくることは容易に理解できますね。

ここで何か気づきませんか？　そうです。これが、ステファン・ボルツマンの法則なのです。

絶対温度の高い物質ほどエネルギー量は多いため、電磁波つまり放射が強くなるということです。そして、温度が高くなるにつれてその4乗に比例して放射の強度が増しますよ、といっているのがステファン・ボルツマンの法則です。内容を理解すれば、あとは4乗という数字を覚えておくだけです。

丸暗記だと「あれ？　比例だっけ。反比例だっけ」と混乱するところも、理解していれば混乱のしようがありません。

2 ウィーンの変位則

物質から出る波（電磁波）の山から山までを波長といいますが、温度が高くエネルギーの強い物質からは、どのような波が出てくるのか想像してみましょう。電磁波は物質の原子が運動して出てくることを考えれば、原子が活発に運動している物質から出る電磁波の波は、短い波であることが想像できますね。リズムとしてイメージすると、速いテンポで波が出てくるということです。逆に、温度の低い物質からは、ゆっくりとしたテンポ、つまり波長の長い電磁波が出ることも簡単にイメージできます。これもまた、何も難しいことはいっていませんよね？

実は、これがウィーンの変位則なのです。「放射強度が最大となる波長は、物質の絶対温度に反比例する」というものです。温度が上がるほど、波長は短くなるということをいっています。

このように、内容を理解していれば、太陽と地球の放射の特徴も格段につかみやすくなります。太陽放射を短波放射、地球放射を長波放射と呼ぶこともすんなりと理解できます。波長の違いだけでなく、太陽放射と地球放射の特徴については非常に大切なところです。それぞれの特徴をしっかりと押さえてください。

3 散乱

そして、放射について理解が深まったら、次は「大気」について考えます。実際には、地球をとりまく大気が、太陽放射や地球放射の一部を吸収・散乱しているからです。ここは、特に理解に悩むような内容ではありませんから、窓領域とはどういうものか、温室効果気体にはどのようなものがあるのかなどなど、一つひとつ知識を増やしていきましょう。時折、問題に目を通してアウトプットに必要なレベルはどのくらいかを確認しつつ、試験レベルに必要な知識を積み重ねていきましょう。

この項目の中でもイメージしやすいものとしては、散乱があります。空が青く見えたり、夕焼けが赤く見えたり、雲が白く見えたり、その雲が時には黒く見えたりといった、身近な現象についての学習になります。レイリー散乱、ミー散乱、屈折については、繰り返し出題されているところですから、それぞれの散乱の特性について把握しておいてください。

電磁波の波長と散乱させる粒子の大きさがどのような場合に、どういう散乱が起こり、どのような現象として目に映るのかを理解しておきましょう。特に、レイリー散乱の「散乱の強さは、波長の4乗に反比例する」というポイントがこれまで何度も出題されてきました。つまり、短い波長ほど強く散乱されるということです。

これもまた、ぼんやりと覚えているだけでは、ステファン・ボルツマンの法則と混同して4乗に比例だったのか反比例だったのか、わからなくなりそうですから、その意味を理解しておきましょう。

散乱

散乱というのは、波が障害物にぶつかったために周囲に広がることです。大きな波は、小さな障害物があったところであまり影響を受けませんが、小さな波は小さな障害物でもぶつかってしまいますね。これをイメージしてから、散乱の学習をすると理解しやすいです。

レイリー散乱とミー散乱

レイリー散乱は、波に対して粒（障害物）が小さい場合の散乱です。大きな波は小さな障害物にぶつかりにくいのですが、波が小さければ小さいほど、小さな障害物でもぶつかりやすくなりますね。ですからレイリー散乱は、短い波長ほど強く散乱されるのです。

一方、ミー散乱は、波と粒が同じくらいの場合に起こる散乱です。大小どの波がぶつかろうが、粒にそれなりの大きさがあるので散乱が生じます。ですから、ミー散乱の強さは、波長にあまり関係しません。

▼レイリー散乱とミー散乱

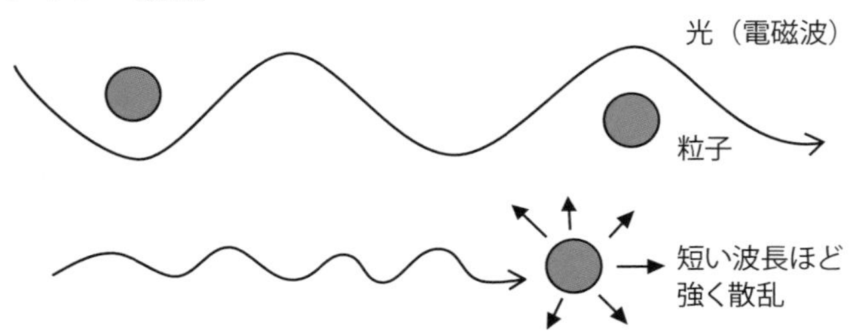

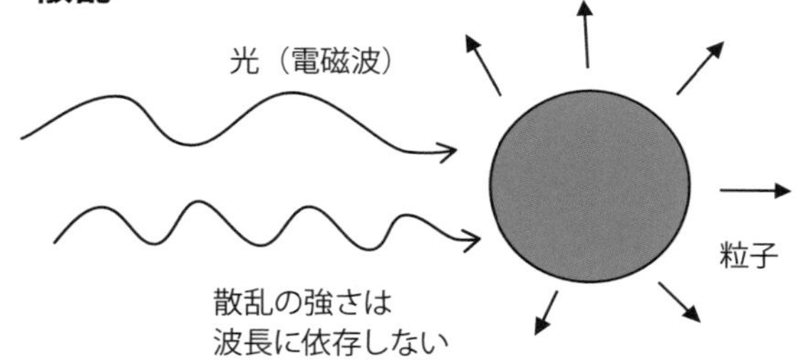

波より粒がずっと大きい場合

さらに、雨粒などのように、波より粒がずっと大きい場合は、雨粒の中で波が屈折・反射します。こうしてできるのが虹なのです。

どうですか？　波と粒の関係、イメージできましたか？

[過去問] [42回] 平成26年度　第1回　一般知識　問5

大気中における散乱と黒体放射に関する次の文 (a) ～ (c) の下線部の正誤の組み合わせとして正しいものを、下記の①～⑤の中から一つ選べ。

(a) レイリー散乱では、空気分子による太陽光の散乱の強さは電磁波の波長が長いほど大きい。晴れた空が青く見えるのはこのためである。
(b) ミー散乱では、散乱の強さは電磁波の波長にあまり依存しない。雲が白く見えるのはこのためである。
(c) ウィーンの変位則によれば、単位波長あたりの放射エネルギー強度が最大になる波長 λ max は放射体の絶対温度Tに反比例し、

$$\lambda max\,(\mu m) = 2898\,(K \cdot \mu m)/T\,(K)$$

となる。太陽放射エネルギーが最大になる波長は約0.5 μmであり、地球放射エネルギーが最大になる波長はその約40倍に該当する。

	(a)	(b)	(c)
①	正	正	誤
②	正	誤	正
③	正	誤	誤
④	誤	正	正
⑤	誤	正	誤

解答 ▶ ⑤

解説

波と粒の関係を思い描いて解きます。(a) のレイリー散乱は、短い波長の光ほど強く散乱されます。したがって、誤。(b) は、正。(c) は、太陽放射が約6000K、地球放射が約255Kという予備知識があれば、式に代入して波長を求めると、おおよそ24倍程度になるので、40倍というのが間違いであることがわかります。もし、おおよその温度を知らなかったとしたら、0.5 μmを40倍してみると、20 μmとなるので、地球放射の波長領域は10 μm付近の波長をピークとすることを思い出せば、40倍というのは誤りであることがわかります。

したがって、解答は、誤、正、誤の⑤になります。

4 地球全体のエネルギー収支

3-5節の最後に「地球全体でのエネルギー収支」について学習します。余談になりますが、私はここで非常に感激しました！　入ってくるエネルギーと出ていくエネルギーがつり合っている図を目にしたときに！

雲に反射されたり、地表面に反射されたり、大気に吸収されたり、そのしくみは複雑です。「こんな複雑なのに、熱収支がつり合っているなんて神業だっ！」と思ったのです。

勉強法でも紹介しますが、わざと大げさに感激しながら勉強するのは効果的なのですが、私の場合、ここではわざとではなく本気で「ほぉぉ！」と感激したのでした。それまで難しく感じていた勉強が、楽しく感じられた瞬間でした。

▼地球のエネルギー収支

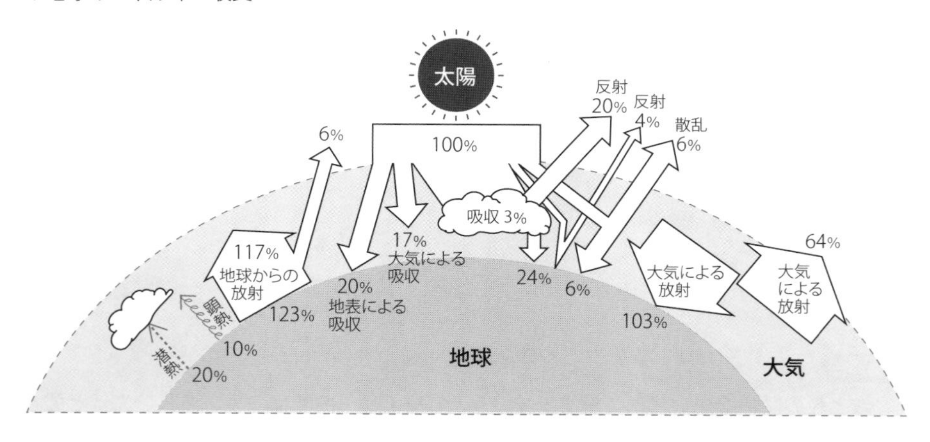

気象予報士試験に必要とされる知識は、範囲も広く、学習を進めるのも大変だとは思いますが、身近なことに結びつけながら進んでいくのも勉強を楽しむコツだと思います。放射のメカニズムが理解できると、気温の一日の変化や放射冷却現象など、身近な現象についても理解が深まりますよ。ひいては、地球温暖化についても考える機会になると思います。

では、過去問題を見てみましょう。

[過去問] [37回] 平成23年度　第2回　一般知識　問6 図掲載

地球のエネルギー収支に関する次の文章の空欄（ア）～（ウ）に入る適切な数値の組み合わせを、下記の①～⑤の中から一つ選べ。

図は地球（地球大気と地球表層）について年平均したエネルギー収支を表し、大気上端、大気内部、地表面の間でやりとりされる、短波放射・長波放射の強さ、乱流による顕熱や潜熱の輸送量が示されている。折れた矢印は地表面または大気内部における短波放射の反射の強さを表している。大気上端、大気内部、地表面のそれぞれにおいてエネルギー収支は釣り合っている。

外向き短波放射の合計から、地表面で反射される短波放射Aは$30Wm^{-2}$である。また、入射短波放射の収支から、地表面で吸収される短波放射Bは（ア）Wm^{-2}となる。これらの値から地表面のアルベドは（イ）、地表面または大気内部におけるエネルギー収支から潜熱Cは（ウ）Wm^{-2}と見積もられる。

	（ア）	（イ）	（ウ）
①	168	0.15	78
②	168	0.18	128
③	198	0.15	28
④	198	0.18	78
⑤	198	0.18	128

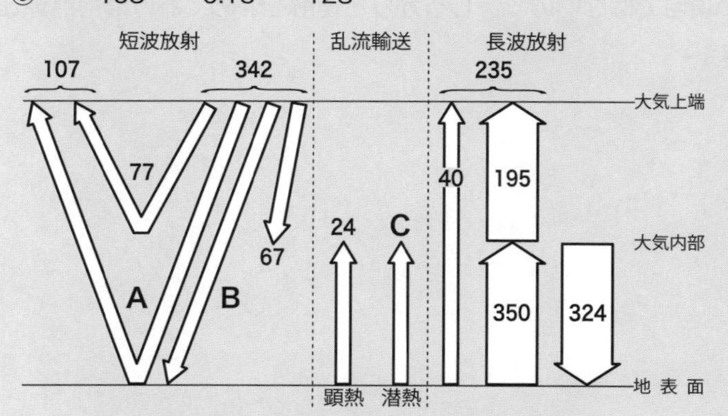

地球のエネルギー収支（単位はWm^{-2}）

解答 ▶ ①

第3章 項目別押さえどころ――学科一般知識編

解説

放射の収支を計算する問題です。まず（ア）と（イ）は、短波放射の収支のみを考えればよいので、図の左の部分だけに注目します。Aは30とすでにわかっているので、342＝67＋B＋A＋77　からBは168となります。

（イ）に関しては、入射するエネルギー（A＋B）と反射するエネルギー（A）の比なのでA／（A＋B）＝30／198≒0.15になります。

（ウ）は、地表面での収支を計算すればよくて、入ってくるのは324＋168＋30、出ていくのは350＋40＋C＋24＋30、これらが釣り合っていることからCを求めると78になります。したがって、解答は①になります。

類似問題はいろいろとあって、数字はエネルギー量だったりパーセンテージだったり式として表現されていたりと形式はさまざまです。ただ、ここでもまた問われているポイントは同じで、解き方としてもどこかに視点を固定して収支を考えていけば必ず解ける問題です。地表面ではどのようなバランスか、大気上端では、そして大気では、と視点を移して、そこでの収支バランスを考えていけばよいのです。一見ややこしそうに見える問題が多いのですが、実はシンプルに解けるものが多かったりもします。

「大気における放射」は、毎回のように1、2問程度出題され、項目の難易度からするとそう難しい項目ではないので、しっかりと理解を深めておけば得点源となり得ると思います。

3-6 大気の力学

ここも非常に大切な項目です。「大気の力学」は、大気の熱力学と同様、気象予報士試験でも特に出題頻度が高い項目です。たった15問の一般知識の試験のうち、毎回2～4問程度出題されています。

この項目の問題は、難しそうに見えても、文章に沿って図を描いてみれば意外にシンプルなことを問われたりしていることも多いので、数多くの例題に触れることでコツがつかめると思います。学習内容も、似たような専門用語がいろいろと出てきますが、その都度、用語の意味を理解しつつ、要点を把握していきましょう。

これまでの学習でお気づきかと思いますが、気象学の学習は、熱力学の項目では「断熱と仮定する」、放射では「黒体と仮定する」など、いろいろと仮定することが多いですね。これは、説明をするまでもないのですが、扱いを簡単にするためなのです。

この項目でも、仮定であったり、理論上であったり、見かけ上であったりと、さまざまな表現が登場します。実際に働いている力と本当は働いていない力が同じ図の中に力の表現のベクトル（矢印）として描かれていたり、本当に吹いている風に続いて、本当は吹いていない風についても同じようなトーンで説明されたりします。ただ文章を目で追うような浅い学習では勘違いが生じることもありますから、注意してください。

1 見かけの力「コリオリ力」

見かけの力として理解が必要なのは「コリオリ力」です。まず、回転する円盤に乗ってボールを投げた場合を例に考えてみましょう。

▼コリオリカ

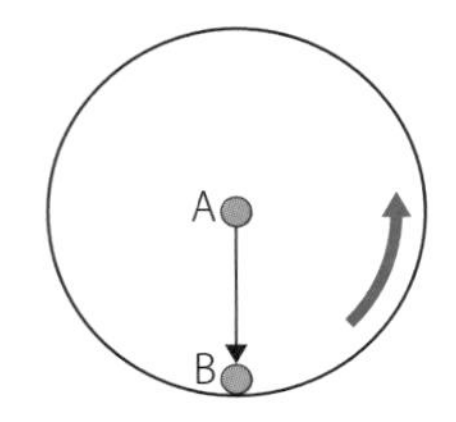

回転している円盤状で、円の中心AからBにボールを投げるとします。

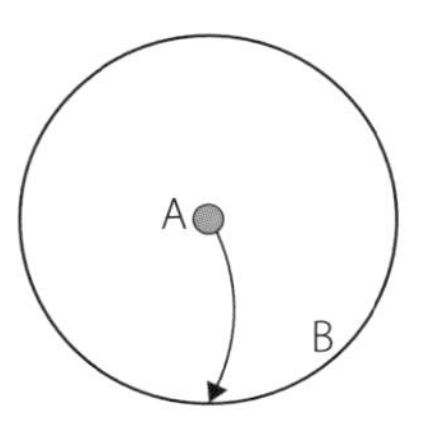

円盤とともに回転しているBから見ると、ボールが何らかの力を受けて曲がったように見えます。

①回転している円盤上で、円の中心ＡからＢにボールを投げるとします。②円盤とともに回転しているＢから見ると、ボールが何らかの力を受けて曲がったように見えます。この「何らかの力」を見かけの力、コリオリカとします。

コリオリカも実際には働いていない力ですが、地球の自転の影響をいちいち考えるよりも、働いているとして扱ったほうが便利なのでそうしているだけです。何らかの力が加わったように見えるものを、力として扱っているのです。ですから、コリオリカは、向きは変えますが、速さに影響をすることはありません。

コリオリカに関しては、北半球と南半球の違いや、実際の気象現象であればどのくらいのスケールになるとコリオリカが影響するのかを把握しておきましょう。そして、コリオリカの式も暗記しておきます。一通りの知識がインプットできたなと思ったら、過去問題です。

[過去問] [38回] 平成24年度　第1回　一般知識　問7

水平に移動する空気塊に働くコリオリカの水平成分について述べた次の文 (a) ～ (d) の正誤の組み合わせとして正しいものを、下記の①～⑤の中から一つ選べ。

(a) 空気塊に働くコリオリカの大きさは、その空気塊の質量に比例する。

(b) 北緯30° で東に20ms^{-1} で移動する空気塊と、北極で南に10ms^{-1} で移動する同じ質量の空気塊に働くコリオリカの大きさは等しい。

(c) 空気塊にコリオリカが働くとその速度が変化し、これに伴って空気塊の運動エネルギーが増加する。

(d) 南半球において南向きに移動する空気塊に働くコリオリ力は、東向きである。

	(a)	(b)	(c)	(d)
①	正	正	誤	正
②	正	誤	正	誤
③	正	誤	誤	正
④	誤	正	正	正
⑤	誤	正	正	誤

解説

(a) は、力は、質量×加速度なので、正しい。

(b) は、コリオリ力＝$2\Omega \sin\phi V$を用いて計算すると、どちらのコリオリ力の大きさも等しくなるので、正しい（北緯30°：$2\Omega \times 1/2 \times 20 \times 1 = 20\Omega$、北緯90°：$2\Omega \times 1 \times 10 \times 1 = 20\Omega$）。このとき、sin30°の値を知っていないといけないのですが、sinもcosも0° 30° 45° 60° 90°の値は、気象予報士試験では常識範囲内として扱われているので、それぞれの値を覚えておきましょう。

(c) コリオリ力は向きは変えるが速度は変化させないので、誤り。この時点で、選択肢は①とわかります。

確認のため (d) を読むと、コリオリ力は南半球では風向に対して直角に左方向に働くので、正しい。したがって、解答は①になります。

2 三つの風「地衡風・傾度風・旋衡風」

続いて学習するのは、「地衡風（ちこうふう）・傾度風（けいどふう）・旋衡風（せんこうふう）」です。なんだか似たような名前で覚えにくくないですか？　私だけかもしれませんが、学習したばかりの頃はちゃんと覚えたつもりでも、少し時間が経つともうどれがどれだったっけ、なんて情けない限り……。そこで、ここでも言葉の意味を理解して覚えました。

どのテキストも、だいたい、地衡風→傾度風→旋衡風の順番で学習しますが、私はこれら三つの風は別々のものではなく、三つとも傾度風と理解しています。

傾度風

そもそも風は気圧の差によって起こるもの、つまり「気圧傾度」によって起こるものです。まずは、よく天気図上で見るような等圧線が曲率を持っていて風速が大きい場合を考えます。このときは、気圧傾度力・コリオリ力・遠心力の「3力」がつり合って風が吹いています。この風が「傾度風」です。傾度風という名前にある傾度は、いうまでもなく気圧傾度の傾度です。

▼三つの風　※いずれも→は風向

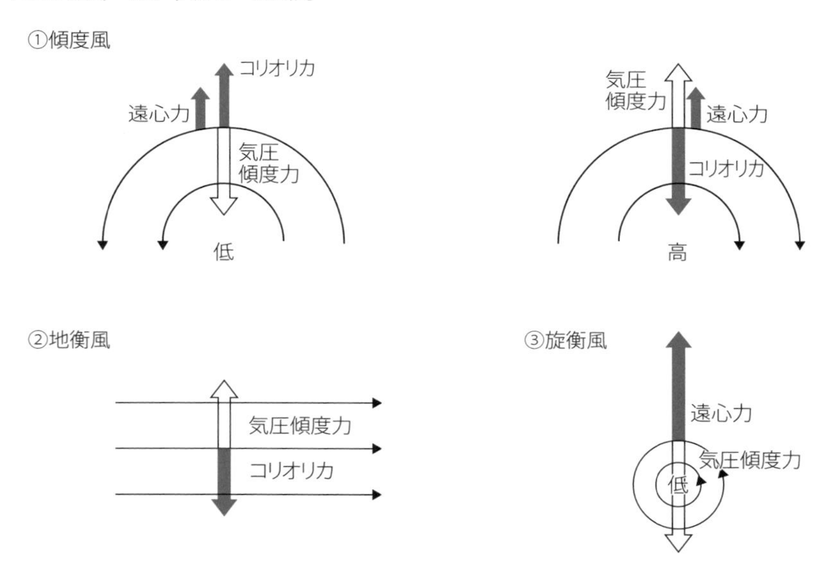

地衡風

この言葉は「地」＝地球の回転、「衡」＝平衡を表しているそうです。となると、地衡風とは「地球の回転とバランスする風」、つまり「コリオリ力とバランスする風」ということです。傾度風は3力のバランスでしたが、地衡風は「気圧傾度力」と「コリオリ力」の2力のバランスです。遠心力の影響がないというのは、等圧線が曲線ではなくほぼ水平な状態ということですね（こちらのほうが扱いは簡単なので、テキストは大抵ここから解説が始まります)。

旋衡風

「旋衡風」の「旋」は、字のとおり旋回の旋ですね。ぐるぐると渦を巻いていて、その曲率半径が小さい場合、遠心力がコリオリ力よりもずっと大きくなって、コリオリ力を無視できるようになります。そのときの風を旋衡風と表現します。傾度風の3力のうち、今度は「気圧傾度力」と「遠心力」の2力のバランスになります。

要するに、「傾度風」のうち、等圧線が平行で遠心力の影響がない場合を特に「地衡風」、等圧線の曲率が小さくコリオリ力が無視できる場合を特に「旋衡風」と理解するのです。

「傾度風」を理解できれば、「気圧傾度力」「コリオリ力」「遠心力」をササっと図に描くなんてお手のものですね。低気圧と高気圧のそれぞれの場合について、すぐに描くことができると、文章題も簡単に解くことができます。

[過去問] [43回] 平成26年度　第2回　一般知識　問7

傾度風について述べた次の文章の下線部 (a) ～ (d) の正誤の組み合わせとして正しいものを、下記の①～⑤の中から一つ選べ。

傾度風は、(a) 気圧傾度力、コリオリ力、遠心力、および摩擦力が平衡しているときの大気中の風を表すものであり、高気圧や低気圧周辺など等圧線が曲率を持っている場合には地衡風よりも実際の風をよく近似できる。

低気圧の周辺では、(b) 傾度風は、等圧線と交差して低気圧側に向かって吹き、(c) 気圧傾度が同じであれば、その風速は地衡風として求められる風速よりも大きい。一方、高気圧では (d) 気圧傾度に上限があり、その値は中心に近いほど小さくなるため、中心付近では等圧線の間隔が広くなる。

	(a)	(b)	(c)	(d)
①	正	正	正	誤
②	正	誤	誤	誤
③	誤	正	誤	正

④	誤	誤	正	誤
⑤	誤	誤	誤	正

解答 ▶ ⑤

解説

(a) は、定義が違いますね。傾度風は、気圧傾度力、コリオリ力、遠心力の3つの力がつりあっているときの風なので、誤り。(b) は、傾度風は等圧線に沿って吹くので、誤り。(c) は、図を描いてみれば一目瞭然。気圧傾度が同じであれば、低気圧の場合、遠心力によって気圧傾度力が小さくなり、傾度風は地衡風よりも弱くなります。ですから誤り。(d) は記述の通り。低気圧の場合は、どんなに気圧傾度が大きくなっても遠心力とコリオリ力で支え合うことができますが、高気圧の場合は、ある程度気圧傾度が大きくなると、コリオリ力だけでは支えることができなくなります。したがって、解答は⑤になります。

3 繰り返し出題される「摩擦」

摩擦も大切なポイントです。

地表面付近では、これまでの「3力」に加えて「摩擦力」が働きます。この摩擦力によって、風は等圧線を横切るように吹くのですが、摩擦力の大小により風速がどう変化するのか、横切る角度がどう変化するのか、陸上と海（湖）上ではどのような違いがあるのかを理解しておきましょう。

[過去問] [35回] 平成22年度　第2回　一般知識　問6

地衡風平衡について述べた次の文章の空欄 (a) ～ (c) に入る適切な語句の組み合わせを、下記の①～⑤の中から一つ選べ。

中緯度の自由大気中と地上付近とでは、単位質量あたりの空気塊に同じ気圧傾度力が働くような気圧場であっても、摩擦の有無に伴って風向や風速に違いが生じる。

南半球中緯度の自由大気中で南西風が吹いているとき、気圧傾度力は (a) に向いており、その逆方向に (b) が働いている。地上付近での風向は自由大気中でのそれに比べて(c)回りに回転した方向になり、風速は自由大気中での値に比べて小さい。

	(a)	(b)	(c)
①	南東	コリオリ力	時計
②	南東	コリオリ力	反時計
③	南東	遠心力	反時計
④	北西	コリオリ力	反時計
⑤	北西	遠心力	時計

解答 ▶ ①

解説

南半球では、コリオリ力は風の向きに対して左向きに向きを変えるように働くので、図のように(a)は南東(b)はコリオリ力。地上付近では、低気圧の中心に向かって、風が吹き込むように等圧線を横切るので、(c)は、時計回り。したがって、解答は①になります。

▼参考図　地衡風平衡と力の釣り合い(南半球)

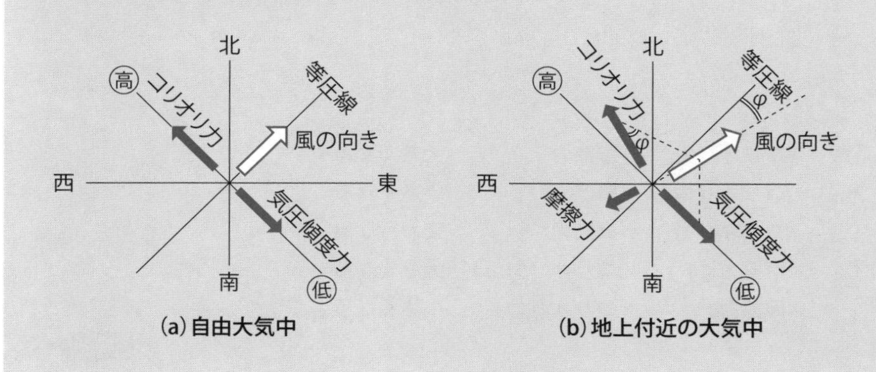

(a)自由大気中　(b)地上付近の大気中

[オリジナル問題]

北半球の地表付近において、下図のように定常的な風Vが吹いている。(a)～(c)に入る語句の組み合わせとして正しいものを①～⑤の中から一つ選べ。

等圧線に直角な気圧傾度力と、(a)、(b) がつり合っている。(b) が大きいほど、角度 α は (c)。したがって、角度 α は、海上より陸上のほうが (c)。

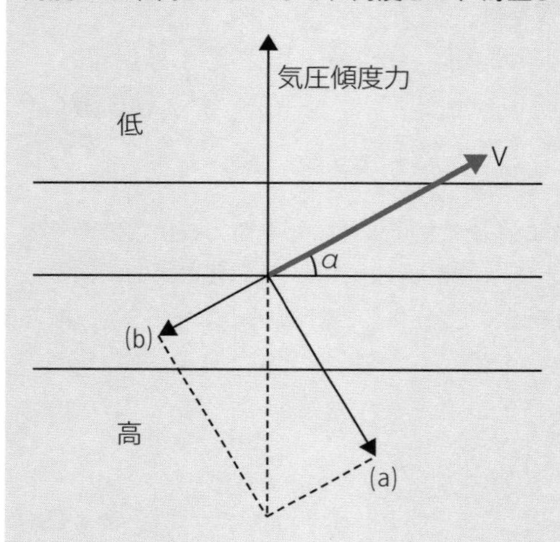

	(a)	(b)	(c)
①	コリオリ力	摩擦力	大きくなる
②	コリオリ力	摩擦力	小さくなる
③	コリオリ力	摩擦力	変わらない
④	摩擦力	コリオリ力	大きくなる
⑤	摩擦力	コリオリ力	小さくなる

解答 ▶ ①

解説 解答は①になります。

実体のない風「温度風」

また、「温度風」という表現がありますが、これは実体がある風ではありません。鉛直方向の風速の変化率、つまり変化の割合のことをいいます。上層の地衡風と下層の地衡風のベクトル差を温度風というのです。

なぜ、実体もないのに温度風と呼ぶのかというと、地衡風に似た関係で表現されることがその理由のようです。地衡風を思い出し、続けて地衡風の気圧傾度を「温度の傾度」に置き換えて考えてみるとわかります。

北半球では、地衡風は低圧部を左にみて、等圧線に平行に吹く
北半球では、温度風は低温部を左にみて、等温線に平行なベクトル

どうですか？　地衡風と温度風、似ているでしょ？　ちなみに、低温部はつまり寒気のことですね。このように傾度とベクトルとの関係が似ていることから、実際に吹いていない風ではありますが、「温度風」と名づけているのです。

また、温度風のベクトルの向きから、どちらが暖気でどちらが寒気かを判断したら、もう一度、下層上層両方の地衡風のベクトルの向きを見てみましょう。そうすれば、地衡風が寒気から暖気に向かって吹いているのか、暖気から寒気に向かって吹いているのかを図から見てとることができます。つまり寒気移流か暖気移流かがすぐにわかるということです。

[過去問] [48回] 平成29年度　第1回　一般知識　問7

図は温度風を模式的に説明しており、Vg_{1000}、Vg_{500}はそれぞれ1000hPa、500hPa面における地衡風ベクトル、V_Tは1000hPa～500hPa層内の温度風ベクトルである。

1000hPa～500hPaの気柱平均の地衡風によって暖気移流が生じる図として最も適切なものを、次ページの図①～⑤の中から一つ選べ。

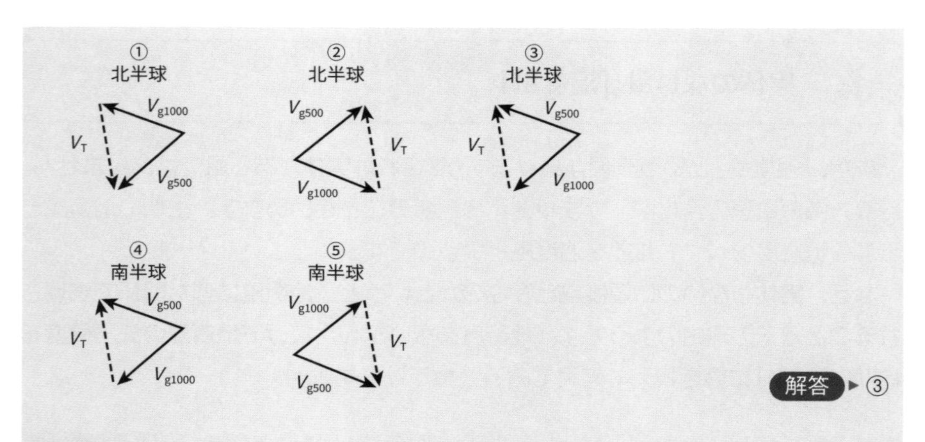

解答 ▶ ③

解説

北半球では、温度風ベクトルの向きに対して、左側が低温部。南半球は、その逆となります。図に、低温部、高温部を書き込み、どちらに向かって風が吹いているかを見ると、寒気移流なのか、暖気移流なのかを判断できます。したがって、解答は③になります。

5 実技試験にも必要な知識 ――「発散・収束」「渦度」

この項目では、「発散・収束」、「渦度（うずど）」についても学習しますが、ここは実技試験でも肝となる知識のため、非常に大切です。

発散とは、ある場所から周囲へ空気が広がっていくことを、逆に、収束とは、ある場所に周囲から空気が集まってくることをいいます。気象学で特に大切なのは、収束です。地上で収束が起こると、上昇気流が発生し、空気が十分に湿っていれば、もくもくと雲が発生し、雨を降らせるからです。一方、渦度は、回転の強さを表す量です。いずれも、気象現象に大きくかかわっていますので、しっかりと理解しておきましょう。

[過去問] [49回] 平成29年度　第2回　一般知識　問7

図の太実線は、ある地点における大気の鉛直流の高度分布を示している。破線で示された高度①～⑤の中から、風が水平方向に収束している高度を一つ選べ。ただし、空気の密度は一定で、高度③と⑤ではそれぞれ上昇流と下降流が極値となっているものとする。

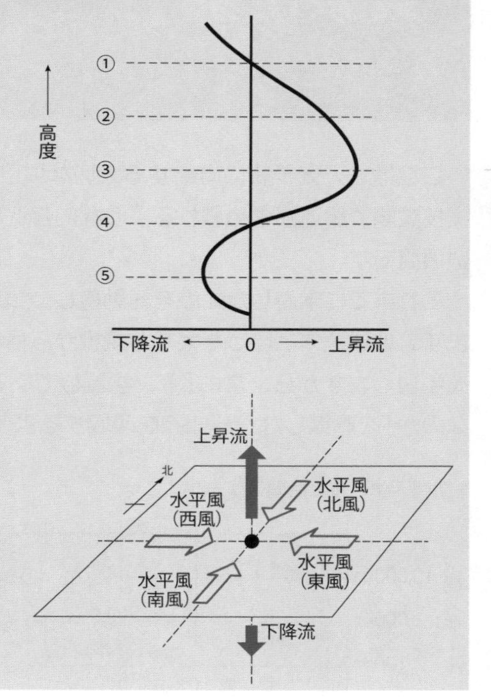

解説

水平方向に収束している、つまり周囲から空気が集まってくるということは、鉛直方向で考えると、その地点の上では上昇流、下では下降流となっている状態ということです。右上図から読み取ると、水平方向に収束している高度は④となります。

発散・収束、渦度は、計算問題として出題されることもあり、見慣れない式が並ぶので難しそうですが、例題を繰り返し解けば慣れてきます。大切な項目ですから、例題に何度もチャレンジして、弱点があれば補強しつつ、知識を確かなものにしておいてください。

3-7 気象現象

ここは、天気予報に直結する大切な項目です。学科試験に必要なだけでなく、実技試験で記述が求められるような内容となっており、出題のボリュームも大きい項目です。

これまでに学習した知識を総動員しつつ、実際の気象現象について学んでいきます。地球全体といった大きな規模から積雲などの小さな規模まで、幅広い知識を学習しますから、常に「今、学習しているのは、どのくらいのスケールのことなのか」を意識しながら知識を吸収するように心がけてください。

▼空間スケールと時間スケール

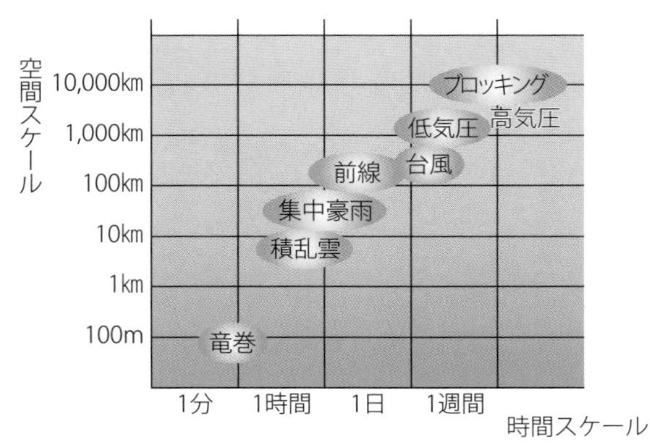

出典：気象庁HP

大気の運動　――地球規模からメソスケールまで

最初は大気大循環からです。ここは地球規模です。過去に何度も出題されている大事なポイントです。緯度によって太陽から受け取る放射エネルギーの量に差のあることや、低緯度から高緯度に向かう一つの大きな循環ではなく、いくつかに分かれるのは、コリオリ力が影響していることなど、放射や熱力学で学んだ内容が大きく関係しています。

地球規模ではどのように大気が循環しているのか、熱や水蒸気はどのように輸送されているのかをしっかりと理解して、ここで登場するさまざまな図を読み取れるようにしておきましょう。

まず、南北方向に地球を巡る流れについて理解したら、次は東西方向です。偏西風、ジェット気流、モンスーンなど、少しずつ地球をズームアップするように知識を整理しつつ理解していきます。

温帯低気圧ぐらいまでズームアップすれば、普段の天気図でも目にする現象になりますから、スケールについてもぐんとイメージしやすくなりますね。温帯低気圧は非常に重要です。過去問題でも出題頻度が高いので、しっかりと学習してください。ここでじっくりと学習しておくと、実技試験の足固めにもなりますから、温帯低気圧の構造や、エネルギー源、ライフサイクル、前線についてなど、知識に穴がないようにしておきましょう。

[過去問] [36回] 平成23年度　第1回　一般知識　問9

温帯低気圧の構造やエネルギーについて述べた次の文 (a) ～ (d) の正誤の組み合わせとして正しいものを、下記の①～⑤の中から一つ選べ。

(a) 温帯低気圧は、大気中に水蒸気が存在しないと発生しない。
(b) 温帯低気圧は、熱を南北に輸送することにより南北温度差を弱める。
(c) 発達期にある温帯低気圧においては、対応する気圧の谷の西側に上昇気流、東側に下降気流がある。
(d) 発達期にある温帯低気圧においては、南北の熱輸送のため上空にいくほど気圧の谷の軸が東に傾いている。

	(a)	(b)	(c)	(d)
①	正	正	正	正
②	正	誤	誤	正
③	正	誤	誤	誤
④	誤	正	誤	誤
⑤	誤	誤	正	正

解答 ▶ ④

解説

基本中の基本です。正直、この問題はシンプルすぎて、逆に面食らってしまいました。(a) は、温帯低気圧の発生には水蒸気の有無は関係しないので誤り。(b) は記述の通り。正しい。(c) は、発達期の温帯低気圧は、東側に上昇気流、西側に下降気流があるので、誤り。(d) は、発達期は、気圧の谷の軸は西に傾いているので誤り。したがって解答は④になります。

学習内容は台風、積乱雲と、さらにズームアップは続きます。いずれも気象予報に欠かせない非常に大切な知識ですから、ていねいに学習しましょう。

もちろん実技試験にとっても重要な内容になります。

そして、地球規模からメソスケールまでのさまざまな大気の運動が理解できたら、さらに上空の成層圏についても学習しておきましょう。準二年周期振動や、突然昇温も繰り返し出題されているポイントです。

いずれにしても、この項目では、常にどのスケールのことを、どういう視線で眺めているのかを理解しながら学習してください。上から？　断面から？　北半球？　南半球？　季節は？……などなど、どこからどう眺めているのかを頭の中で映像にしながら理解しましょう。そうすると、頭の中でパズルのピースが合わさるように全体像が理解できます。個々の知識としてバラバラにインプットせずに、全体像を把握するように心がけましょう。

そして、学習内容が多いので、一度学習しただけでは知識の整理がつかないかもしれません。繰り返し学習して、知識を確かなものにしておいてください。

用語解説　**メソスケール**

水平の広がりが約 2km から 2000km 程度までの気象現象をさす言葉。

3-8 気候の変動

ここでは、地球温暖化やエルニーニョなど、新聞にもよく登場する内容を学びます。関心が高まっていることもあってか、出題頻度も少し増加傾向にあります。

気候の変動は、太陽の活動・火山の噴火・大気と海洋・人間活動などさまざまな要因が複雑に影響しているので、説明しきれない部分もあるようですが、大きく分ければ、自然的なものと人間によるものとがあります。それぞれの要因が、どのような気候の変動を引き起こすのかを理解しておきましょう。

最近は、特に地球温暖化についての出題が多いようです。温室効果気体や、二酸化炭素についてよく出題されています。どういう気体が地球の気温に変化を与えるのか、二酸化炭素濃度が季節によって増えたり減ったりするのはなぜかなど、過去にも繰り返し出題されているポイントを押さえておきましょう。

ヒートアイランド現象など、都市気候に関する問題も過去に何度か出題されています。身近でかつ重要な問題ですね。

[過去問] [41回] 平成25年度　第2回　一般知識　問11

温室効果気体に関する次の文章の空欄(a)～(c)に入る適切な語句の組み合わせを、下記の①～⑤の中から一つ選べ。

地球大気には(a)を吸収する気体(温室効果気体)が含まれており、地球表面は温室効果気体が射出する赤外線により温められる。これが、地球表面温度が放射平衡温度よりも高い主な原因と考えられている。温室効果気体には(b)など多くの種類がある。現在の地球大気の組成において温室効果に最も大きく寄与している温室効果気体は(c)である。

	(a)	(b)	(c)
①	太陽放射	アルゴン	水蒸気
②	太陽放射	オゾン	二酸化炭素

③	地球放射	メタン	二酸化炭素
④	地球放射	オゾン	水蒸気
⑤	地球放射	アルゴン	水蒸気

解答 ▶ ④

解説

(a) は、温室効果気体は、地球から放射される赤外放射を吸収します。(b) は、温室効果気体の主なものとして、オゾンが入ります。(c) は、温室効果に最も大きく寄与しているのは、水蒸気なので、解答は④になります。

[過去問] [56回] 令和3年度　第1回　一般知識　問11

エルニーニョ現象発生時の天候の特徴について述べた次の文章の下線部 (a) ～ (d) の正誤の組み合わせとして正しいものを、下記の①～⑤の中から1つ選べ。

エルニーニョ現象が発生しているときには、ペルーやコロンビアなどの南米北部では、平均気温が平年に比べて (a) 低い傾向が、また、インドネシアやオーストラリア北部などの西部太平洋熱帯域では、降水量が平年に比べて (b) 多い傾向がみられる。

日本では、西日本の夏季 (6～8月) において平均気温が平年に比べて (c) 高い傾向が、東日本の冬季 (12～2月) では、平均気温は平年に比べて (d) 高い傾向がみられる。

	(a)	(b)	(c)	(d)
①	正	正	誤	正
②	正	誤	正	誤
③	誤	正	誤	誤
④	誤	誤	正	正
⑤	誤	誤	誤	正

解答 ▶ ⑤

解説

(a) (b) はエルニーニョ現象が発生しているときには、ペルーやコロンビアなどの南米北部で平均気温が高くなる傾向があり、インドネシアやオーストラリア北部などの西部太平洋熱帯域では、降水量が平年に比べて少ない傾向がみられます。
(c) (d) はエルニーニョ現象が発生しているときは日本では冷夏、暖冬になる傾向があります。このため西日本の夏季において平均気温が低い傾向がみられ、東日本の冬季において平均気温が高い傾向がみられます。ちなみにラニーニャ現象が発生すると、日本では猛暑、厳冬になるといわれています。したがって、解答は⑤になります。

この項目は、学習内容はそう多くありませんし、複雑な数式も登場しません。理解することももちろん必要ですが、知識を積み重ねていくところともいえるかもしれません。過去問題に繰り返しチャレンジして、不足している知識があれば補っていきましょう。

これで、法規を除けば一般知識の全範囲を勉強したことになります。つまり『一般気象学』1冊の範囲を学習し終えたのです。すごいですね。

思えば遠くへきたものです。山をいくつも越えて、気がつけば気象の世界にずいぶんと慣れ親しんでいる自分がいるはずです。

宇宙からエーロゾルなどの微小の世界まで、さまざまな学習をしてきましたが、いかがでしょう？

一つひとつのパーツをしっかりと理解できていますか？　そのパーツから全体像を理解していますか？　得意なところばかり勉強していませんか？　逆に、不得意なところばかりにエネルギーを注いでいませんか？

このあと、法規の学習をしたら、いよいよ専門知識に突入です。合格までの最短距離を目指して、この先も勉強を楽しみながら前進しましょう。勉強に疲れたり迷ったりしたら、勉強法からヒントを得て、時折、やり方を変えてみるのもよいかもしれませんよ。

私の場合、ここまでの学習が最も手探りだったと思います。主婦ということもあり、勉強すること自体に慣れていなかったことが大きかったのかもしれません。でも、この先はペースがつかめたのか、気象の世界にも慣れてきて、専門・実技は一気に走り抜けたような感覚でした。もちろん、悩んだり、迷ったり、転んだり（途中挫折しました！）しつつでしたが、立ち止まることはありませんでした。目標に向かって走るのが楽しくなっていたのかもしれません。

気象予報士試験に初チャレンジの方は、ここまで前進できればもう大丈夫！　引き続き、走り続けるのみです。「何度もチャレンジしているけれど……」とこの本を手に取ってくださった方は、「ふんどし」をしっかり締め直しましょう。ゴールに到着した自分を鮮明に思い描いて、合格した姿をリアルに感じながら、全力で走りましょう。もうすでにできることを何度も繰り返して勉強した気になるのは、同じ場所で足踏みするようなもの。常に前進しているか足元を確認しつつ、走りましょう。前へ前へ、ですよ。

3-9
気象業務法とその他の気象業務に関する法規

ここは、大きな得点源です。

近年の試験では、一般知識の15問のうち4問がこの法規に関する出題です。初期の試験では4、5問出題されていましたが、ここしばらくは4問に落ち着いているようです。法規問題を確実に得点できれば、学科試験の合格にかなり有利になります。

そのうえ、確実に得点するということが、そう難しいことではありません。

独特の表現に慣れるまでは、堅苦しい文章に感じるかもしれませんし、微妙な表現の違いを読み取れないかもしれません。しかし、過去問題を数年分でも取り組んでみれば、もうコツがつかめてくるはずです。

先に過去問を

この法規の項目についていえば、一通り条文に目を通すよりも、先に過去問題に目を通したほうが効率的です。

問題になりやすい場所は決まっていて繰り返し出題されていますし、問題と解説を繰り返し読むだけで大半が理解できます。

気象業務法や災害対策基本法の「目的」は、出題頻度が高いので、言葉の一つひとつが穴埋め問題として出された場合でも答えられるよう、頭に入れておきましょう。

気象予報士は、どんなことができてどんなことができないのか、また、事業者は、どんな認可や手続きが必要なのか、どんな行為を行った場合に違反となり罰則を受けるのかなど、問われるポイントは絞られています。警報の通知ルートや、市町村長の避難指示・勧告も繰り返し出題されています。

言葉の定義を明確に覚えよう

すべてを丸暗記する必要はありませんが、気象予報士を目指す方にとっては基本的なルールですから、しっかりと押さえておいてください。

そして、すべての出題に共通していえることですが、特に、この法規に関しては、言語の定義を明確にしていきましょう。「許可」と、「認可」は、どう違うのか（基本的には禁止していることを認める場合、許可という言葉になっているようです）、言葉をなんとなく把握するのではなく、その違いを明確にしていきます。努めなければならないという「努力義務」と、しなければならないという「義務」との違い。「報告」なのか、「届出」なのか、「しなければならない」と「することができる」の違い、「または」と「および」の条件の違いなど、一つひとつの言葉を区別化して理解することが、とても大切です。

人物や機関もいろいろ登場します。気象庁長官に、気象予報士、気象キャスター、気象庁、消防庁、海上保安庁、などなど。どんなときに、誰がどんなことをしなければいけないか、またはしてはよいのかというのを、脳内でシミュレーションしつつ整理していきましょう。

最新情報を入手しよう！

また、法規はインターネットで最新のものを入手してくださいね。気象庁ホームページの「予報業務の許可について」のページも必ず見ておいてください。法規は、一般知識の大きな得点源ですから、しっかりと知識を積み重ねましょう。

●気象庁ホーム＞各種申請・ご案内＞予報業務の許可について
https://www.jma.go.jp/jma/kishou/minkan/kyoka.html

この中にある、「申請の手引き」や、「お寄せいただくご質問」は、一通り目を通しておきましょう。そして、とってもおすすめなのが、ホームページの一番下にある、「講習会の資料など」というところです。クリックしてみてください。情報の宝庫です。必読です！

第4章

項目別押さえどころ
——学科専門知識編

ここからは、学科専門知識のポイントについてお伝えします。範囲が広く、内容もかなり専門的になりますが、知識をコツコツと積み重ねれば大丈夫。実技試験にも直結する大切な内容が満載です。

4-1 観測の成果の利用

変更点を把握しよう

ここから、いよいよ専門知識です。少し一般知識とは毛色が違うので注意が必要です。

というのも、天気予報の技術は日々進歩しています。そのスピードは、目をみはるものがあります。ですから、一般知識と違って、専門知識の内容は、ほんの数年前と比較しても大きく変更されている点があるのです。技術の進歩のスピードに置いていかれないよう、常に最新情報を得るようにしましょう（→くわしくは、P.33の「最新情報を入手しよう！」を参考にしてください）。過去問題を解く際にも、参考書に向き合うときでさえも。過去の時点と、現時点では、内容が異なることが多々ありますので、よく注意して学習を進めてくださいね。それでは、専門知識の学習をスタートさせましょう。

1 地上気象観測

まず、「観測の成果の利用」ですが、出題数の多いところですから、しっかりと知識を積み重ねておいてください。なぜ、出題数が多いのかというと、天気予報は、観測なくしてはあり得ないからです。予測を立てるためには、大気の状態を知る必要があります。

地上だけではなく、高層までのさまざまな気象要素の観測が、必要不可欠なのです。法規で最も罰金の額が大きかったのは、観測機器を壊した場合でしたね。その額が100万円だったのは、それだけ観測が大切だからです。

知識量がカギ

この項目は難しくはありませんが、知識量がカギになります。「何を」「どのようにして」観測しているのかを、しっかりと把握することが大切です。それぞれの気象要素の定義や単位、観測する意味や、測器の種類やしくみ、設置場所や誤差の要因などを把握しておきましょう。

覚えることが山盛りですが、日々の天気予報でお馴染みの「アメダス」に関しても、「こういうしくみでデータが収集されて、天気予報に利用されているのか」等、身近な内容が中心になりますから、ここは眉間にシワを寄せずに学習できるところでもあります。

範囲が広いので、まず地上気象観測について、一通り学習したら、いったん過去問題に取り組んでみましょう。

[過去問] [43回] 平成26年度　第2回　専門知識　問1

アメダスによる地上気象観測について述べた次の文 (a) ～ (d) の下線部の正誤の組み合わせとして正しいものを、下記の①～⑤の中から一つ選べ。

(a) 降水量は、転倒ます型の雨量計を用いて0.5mm刻みで観測している。雪やあられなどの固形降水は溶かして水にしてから観測している。

(b) 10分間平均風速は、観測時刻を中心とした前後5分間の風速を平均して求めている。

(c) 温度計の感部は、雨滴の付着や日光の直射を避けるため通風筒に収納されている。故障などで通風筒のファンが止まると、日中の気温は正しい値より低くなることが多い。

(d) 日照時間は、全天日射量が一定の値以上となった時間を合計して求めている。

	(a)	(b)	(c)	(d)
①	正	正	誤	正
②	正	誤	誤	正
③	正	誤	誤	誤
④	誤	正	正	正
⑤	誤	誤	正	誤

解答 ▶ ③

解説

(a) 降水量は水の深さで表され、固形降水は溶かして観測するので、正しい。(b) 10分間平均風速は、観測時刻の前10分間の平均なので、誤り。(c) ファンが止まると、正しい値より高くなることが多いので、誤り。(d) 全天日射量ではなく、直達日射量が一定の値以上となった時間なので、誤り。したがって、解答は③になります。

言葉の定義をしっかり覚えよう

専門知識の試験は、毎回お約束のように観測の問題からスタートしています。過去問題を解いてみていかがですか？　内容は難しいものではありませんね。最初は知識も虫食い状態ですから、すぐに正解を導けないこともあると思いますが、解説をよく読み、抜け落ちているところを再度学習し、知識量を増やしていきましょう。

地上気象観測について、さまざまな角度から問われることも多くありますが、たとえば、風についてなら風だけで1問というように、テーマが一つに絞られていることもよくあります。内容自体は基本的な問題ではありますが、知識が曖昧では、実際の試験で、はたと固まってしまうことになりますから、定義などの知識はしっかりと覚えておきましょう。

繰り返し出題されているポイントは、測器の設置場所に関するものや、気圧の海面更正とその算出方法、アメダスで観測される気象要素は何かと品質管理についてなどです。

ただ、ここは重箱の隅をつつくような細かな問題も出やすい項目なので、「風は0.1m/s単位まで観測するんだな」「気温は1.5mで観測するが、雪が降ったときはどうなんだ？」「暖候期のあられやひょうは、積雪として扱わないんだな」「日平均風速って、風程を86,400秒（24時間）で割るのね」など、自分でも少し細いかなと感じるところまで意識してインプットするように心がけてください。

必読！『気象観測の手引き』

そこで、みなさんにぜひ目を通しておいてほしいものがあります。それは、『気象観測の手引き』です。

この手引きは気象庁がまとめたもので、観測機器や誤差要因など、観測に関するくわしい内容がまとめられています。かなりの分量があるので、すべてを覚える必要はもちろんありません。でも、どの参考書よりもくわしく、一読しておくと、観測の全容がつかめるのでおすすめです。

『気象観測の手引き』は、気象庁のホームページで見ることができます。

特に、この『気象観測の手引き』の61ページ以降には、雲や天気や大気現象について書かれているので、必ず目を通しましょう。

- **気象庁ホーム＞知識・解説＞気象の観測＞気象観測ガイドブック（より良い気象観測のために）＞気象観測の手引き**
  https://www.jma.go.jp/jma/kishou/know/kansoku_guide/tebiki.pdf

これは、平成10年に書かれたもので、最新の改訂が平成19年となっていますが、大気現象などの定義は、年度によって変更はありません。

私が受験していたころ、受験仲間との間で「大気現象って一体？」という会話がよく交わされました。実技試験の出題でも、「現在天気」ではなく、「大気現象を答えよ」という問題がたびたび登場して、困惑していたからです。模範解答の解説にも「どの参考書にも載っていないような詳細な内容の問題が多く、何を基に勉強すればよいのか」というようなコメントが書かれていました。

しかし、『気象観測の手引き』には、しっかり載っていたのですね。気象庁のホームページには、参考書に載っていない内容が満載です。気象観測の手引きには、観測についてのみならず、雲、天気についても詳細に書かれているので、一読しておいてください。終わりには、用語解説があって、時定数、しきい値など、普段聞きなれない言葉だけれど、気象の世界では大切な用語の意味も、知ることができます。

『気象観測ガイドブック』

こちらも目を通しましょう。計器や設置環境などについて、カラーでまとめてあります。観測に関する基本事項です。

●気象庁ホーム>知識・解説>気象の観測>気象観測ガイドブック（より良い気象観測のために）>気象観測ガイドブック

https://www.jma.go.jp/jma/kishou/know/kansoku_guide/guidebook.pdf

[過去問] [40回] 平成25年度　第1回　専門知識　問1

気象庁で行われている地上気象観測における大気現象の定義について述べた次の文(a)～(d)の正誤の組み合わせとして正しいものを、下記の①～⑤の中から一つ選べ。

(a) みぞれは、雨と雪が混在して降る降水で、必ずしゅう雨性降水として降る。
(b) 細氷は、晴れた空から降ってくるごく小さな氷の結晶の降水で、大気中に浮遊しているように見える。結晶が太陽光できらきら輝いて見えることからダイヤモンドダストと呼ばれることもある。
(c) 凍雨は、透明な氷の粒の降水で、粒は球状または不規則な形でまれに円すい状のものがある。しゅう雨性降水としては降らない。
(d) もやは、ごく小さな水滴または湿った吸湿性の粒子が大気中に浮遊して、水平視程が1km未満となる現象である。

	(a)	(b)	(c)	(d)
①	正	誤	正	誤
②	正	誤	誤	正
③	誤	正	正	誤
④	誤	正	誤	正
⑤	誤	誤	正	正

解答 ▶ ③

解説

(a) みぞれは、層状性の降水でも降るので誤り。(b) 記述通りで、正しい。(c) 凍雨は、高層雲または乱層雲から降ることが多いので、正しい。(d) もやは、水平視程が1km以上だから、誤り。したがって、解答は③になります。

2 高層気象観測

地上の観測を理解したら、次は高層気象観測です。低気圧などの大気現象は、水平の構造だけでなく、鉛直構造を把握することが非常に大切です。3次元での構造を理解するために、高層気象観測は絶対不可欠なのです。

高層の観測は、測器を気球に吊り下げて飛揚することなどで行います。ここで大切なのは、地上気象観測と同じく「何をどのような方法で観測するか」です。何時（世界で決まった時刻）に、地上何km付近まで観測し、そのデータはどのようにして利用されるのかも覚えておいてください。

頻繁に出題されるポイントは、ラジオゾンデの日射補正についてです。

[過去問] [50回] 平成30年度　第1回　専門知識　問3

気象庁が行うラジオゾンデを用いた高層気象観測について述べた次の文 (a) ～ (c) の下線部の正誤の組み合わせとして正しいものを、下記の①～⑤の中から一つ選べ。

(a) 天気予報を主な目的として行うラジオゾンデ観測では、観測機器をゴム気球に吊るして飛揚し、上空の気温、湿度、風向・風速を測定する。

(b) 最近ではGPSゾンデと呼ばれる観測機器が使用されており、風向・風速のデータは、GPS信号を利用して得られている。

(c) 昼間のラジオゾンデ観測では、日射の影響により温度計センサーが大気の温度よりも高い値を示すことがある。ただし、観測値としては、日射の影響は補正されている。

	(a)	(b)	(c)
①	正	正	正
②	正	誤	誤
③	誤	正	正
④	誤	正	誤
⑤	誤	誤	正

解答 ▶ ①

解説

(a) (b) は、正しい。気温、湿度を観測し、風向・風速を算出する形で、測定をしています。(c) は頻出問題で、正しい。したがって解答は①になります。

過去問題に注意！　常に新しい情報を入手しよう

ここでも、過去問題の年度には注意が必要です。たとえば、今は目にすることのない「レーウィン観測」という用語が、試験が始まってから5年ぐらいの過去問題にはよく登場していました。レーウィン観測は、ウィンドプロファイラや気象衛星によって高層のデータが入手しやすくなったことを受けて廃止され、現在は行われていない観測です。このように時代が変われば、用語も変わるのです。

また、古い過去問題では頻出ポイントだった、高度や風の求め方についても、手法が異なっています。以前は計算で間接的に求めていましたが、現在は、衛星の電波を利用して高度や風を直接観測できるGPSゾンデが採用されています。

ですから、古い参考書や問題集を使用する場合は、内容を鵜呑みにしないように注意してください。観測の技術は目覚ましく進歩していますから、常に新しい情報を得られるようにアンテナを張っておきましょう。2022年現在の観測地点は次ページの図の通りです。

古い過去問題を解くときに注意したいのは、現在の観測地点が、根室から釧路に、米子から松江に、それぞれ変更になっている点です。また、高層気象観測と一言にいっても、人の手による放球観測、自動放球装置による観測、気象観測用ゾンデを飛揚している所、オゾン観測用ゾンデを飛揚している所、その両方を飛揚している所など、観測地点によってさまざまです。最新情報は、常に気象庁のホームページから確認してください。

▼ラジオゾンデによる高層気象観測網

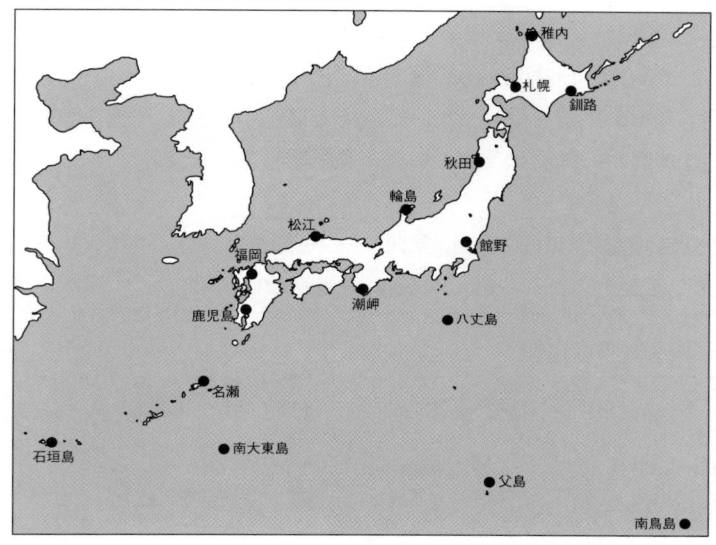

出典：気象庁HP

3 電波利用観測

気象レーダー観測

地上と高層の観測をマスターしたら、次は、電波を利用した観測について学習しておきましょう。気象レーダー観測というのは、アンテナから電波を発射して、雨や雪を観測するものです。ドップラーレーダー、ウィンドプロファイラに加えて、最新のレーダー、二重偏波気象ドップラーレーダーや、解析雨量図についても理解しておいてください。気象庁のホームページ「知識・解説」には、それぞれのしくみや観測地点図が載っています。一度目を通しておきましょう。50回の試験に登場したレドームという用語など、実際の試験で、あまり参考書に載っていないような言葉が出題されると戸惑いますが、ホームページでは普通に載っていたりします。ちなみに、レドームとは、気象レーダー観測の際に、アンテナを風雨や雪などから守る覆いのことです。

気象庁のレーダー配置

日本は山地が多いために、レーダーの設置場所によっては各レーダーが受け持つ観測範囲が周囲の地形の影響を受けます。気象庁ではこのことを十分に考慮して、国土のほぼ全域をカバーするようにレーダーを配置しています。

●気象庁ホーム＞知識・解説＞気象の観測＞気象レーダー観測
https://www.jma.go.jp/jma/kishou/know/radar/kaisetsu.html

▼気象庁のレーダー配置図（2022年現在）

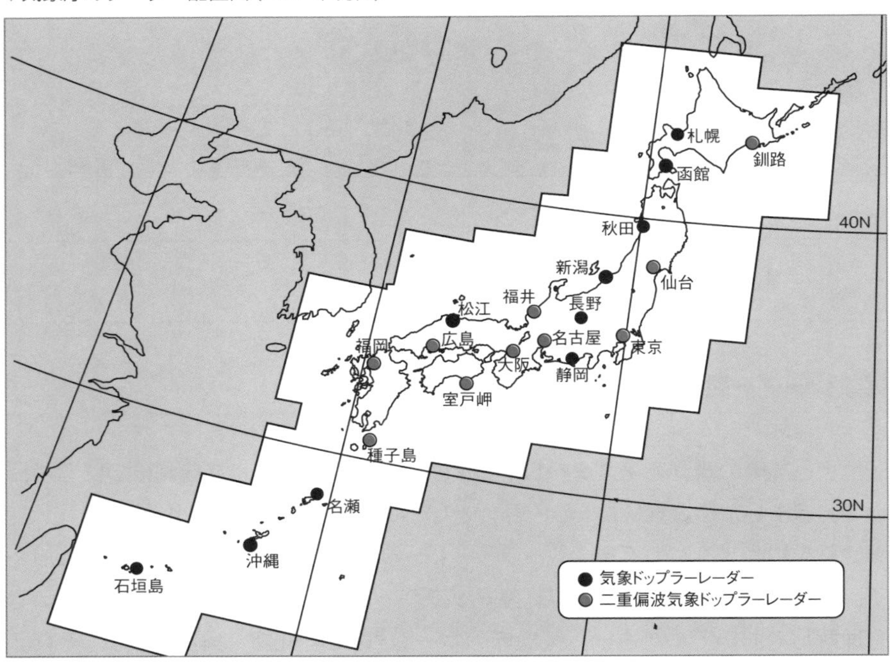

出典：気象庁HP

ウィンドプロファイラ観測網

ウィンドプロファイラは、地上から上空に向けて電波を発射して、上空の風を観測するものです。概要や、最新のデータはインターネットで見ることができます。ウィンドプロファイラのデータを用いて、上空の気圧の谷や尾根の通過を把握したり、前線を解析したりすることが可能です。データを見るには、慣れが必要ですから、さまざまなウィンドプロファイラのデータと、その観測地点、そのときの気圧配置と結び付けて、何度も解析をしてみましょう。

次のホームページには、データの見方とともに、気圧の谷の通過時、前線の通過時、台風の通過時などのデータがのっています。風向きがどのように変化するなど、ポイントがつかめるので、見ておいてください。

●気象庁ホーム＞解説＞気象衛星・気象観測＞ウィンドプロファイラ
https://www.jma.go.jp/jma/kishou/know/windpro/kaisetsu.html

▼ウィンドプロファイラ観測網（2022年現在）

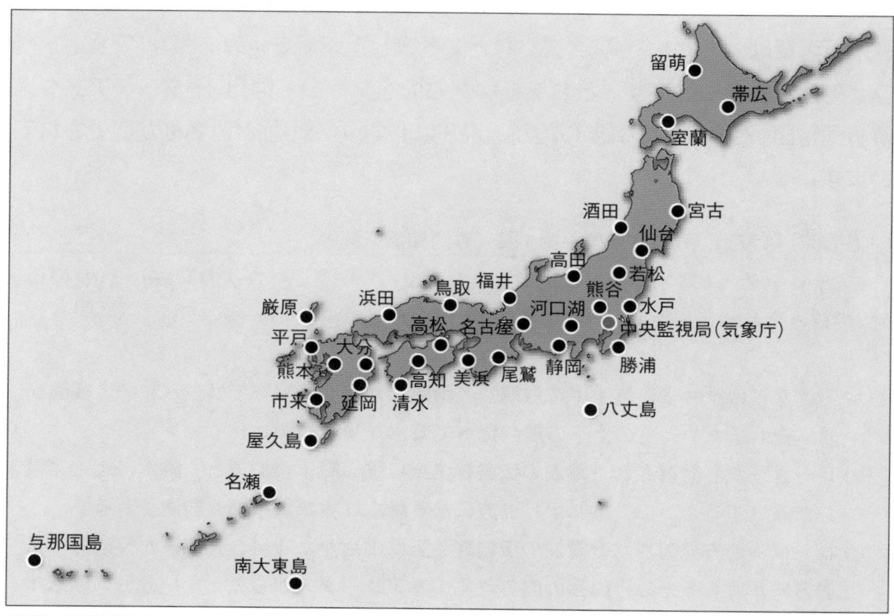

出典：気象庁HP

レーダー観測の注意点

高層気象観測は、数千km規模の大気現象の観測が目的でしたが、レーダー観測は、寿命が短く変化の激しい現象の探知や観測に適しています。ただ、地上や高層の観測は直接の観測でしたが、レーダー観測は間接的な情報なので、利用には注意が必要です。

この注意点については、過去問題でも繰り返し出題されているところなので、確実な知識にしておきましょう。

実際、気象予報士として働く現場では、レーダー合成図や解析雨量図などは、日々の仕事に欠かせない資料となっています。この項目は、気象予報士として実際に仕事をするときにも必要とされる知識が多いので、レーダー観測のしくみや利用する際の注意点などは、頭にしっかりと入れておいてください。

頻出ポイントは、地形エコーやシークラッター、エンゼルエコー、ブライトバンドなどの誤差要因です。一つひとつ内容を確認しておきましょう。

解析雨量

解析雨量は、レーダーやアメダスなどで観測した雨量を組みあわせて、1kmメッシュで解析したものです。これを描いたものを、かつては「レーダー・アメダス解析雨量図」と表現していましたが、現在は「解析雨量図」と、名称が変更されています。

[過去問] [42回] 平成26年度　第1回　専門知識　問1

気象レーダーで降水強度を推定する際の誤差について述べた次の文 (a) ～ (d) の正誤の組み合わせとして正しいものを、下記の①～⑤の中から一つ選べ。

(a) 雪片などの氷粒子が落下中に融解して雨滴にかわる融解層では、氷粒子の表面が水に変わるため、その上下の層に比べて降水が強く観測される。

(b) レーダーから発射された電波の伝搬経路上に強い降水があると、降水によって電波が減衰するために、それより遠方にある降水は実際より弱く観測される。

(c) レーダーから発射された電波の伝搬経路上に山岳がある場合、電波が反射して伝搬方向が変わるため、山岳の向こう側の本来レーダーから見えない部分に降水エコーが観測されることがある。
(d) レーダーで降水エコーが観測されていても、降水粒子が落下中に蒸発して地上まで到達しないために、直下の地上で降水が観測されないことがある。

	(a)	(b)	(c)	(d)
①	正	正	正	正
②	正	正	誤	正
③	正	誤	誤	誤
④	誤	正	正	誤
⑤	誤	誤	正	正

解答 ▶ ②

解説

(a) このことをブライトバンドといいます。正しい。(b) 電波は、降水粒子に吸収されて減衰します。気象の現場で働く際、この認識はとても大切です。正しい。(c) 山岳があると電波はさえぎられるので、誤り。(d) 記述の通りで、正しい。したがって解答は②になります。

繰り返しになりますが、注意が必要なのは、変更点です。随分前ですが、20回（平成15年第1回）の試験のときに、問2の解答が③も⑤も正解として採点されるということがありました。これは気象レーダーの観測で、エコー強度から降水強度を計算するときに使用する「Z - R関係」に関する問題で、「従来なら」と「変更後は」とで、解釈が異なるということが理由でした。

Z - R関係の式の係数に、従来なら一定の値（地雨に近い値）を使用していたところ、平成12年からはエコー強度と実際の降水量との統計から降水強度に補正が加えられるようになっていたことが原因です。

20回の試験といえば平成15年です。初期の頃の気象予報士試験なら「正」となる問題文が、違う年度になれば問題文がまったく同じでも「誤」になることがあるのです。さらに、このZ - R関係式の係数は、平成16年からは固定されていません。

このようなケースは、他にも多々あります。特に近年は変更・改善の嵐ですから、常に最新情報をチェックして、過去問題に取り組むときは十分に注意してください。

大切なのは、どう変更されてきたのかということよりも、「今現在は、何をどこまでできるようになっているのか」ということです。参考書もこまめに出版されるわけではないので、最新情報は、やはり気象庁のホームページで確認することをおすすめします。

4 気象衛星観測

さて、観測も、残すところは気象衛星です。実技試験をクリアするにも気象予報士として仕事をするにも不可欠な知識ですから、衛星観測のしくみから雲の判別まで、知識を確実なものにしておいてください。

頻出はなんといっても雲の判別です。数多く例題をこなし、数多くの事例を見て、衛星画像の見方に慣れておきましょう。テーパリングクラウド、バルジ、ドライスロット、トランスバースライン、カルマン渦……など、代表的な雲パターンについてと、それに伴う気象現象を関連づけて、しっかりと押さえておきましょう。

また、2022年12月13日から観測は「ひまわり８号」から「ひまわり９号」に変わりました。ひまわりの進化スピードもすばらしく、センサーの分解能もどんどん良くなっていますし、チャンネルも増えていますね。可視・赤外・水蒸気それぞれの画像の特徴と、識別方法、画像化の輝度温度、空間分解能などについて、理解しておいてください。

[過去問] [43回] 平成26年度　第2回　専門知識　問4

図は９月中旬のある日の日中に気象衛星で観測された可視画像および水蒸気画像である。これらの画像に見られる現象について述べた次の文章の空欄 (a) ～ (c) に入る適切な記号の組み合わせを、下記の①～⑤の中から一つ選べ。

領域 (a) では、発達期の台風に見られる特徴的な積乱雲の領域が形成されつつあるため、発達が予想される熱帯じょう乱が存在すると考えられる。
領域 (b) には、閉塞過程の最盛期にある低気圧が存在すると考えられる。

領域 (c) には、上空に寒冷渦が存在すると考えられる。

	(a)	(b)	(c)
①	エ	ア	イ
②	エ	ア	ウ
③	エ	ウ	イ
④	オ	ア	ウ
⑤	オ	ウ	ア

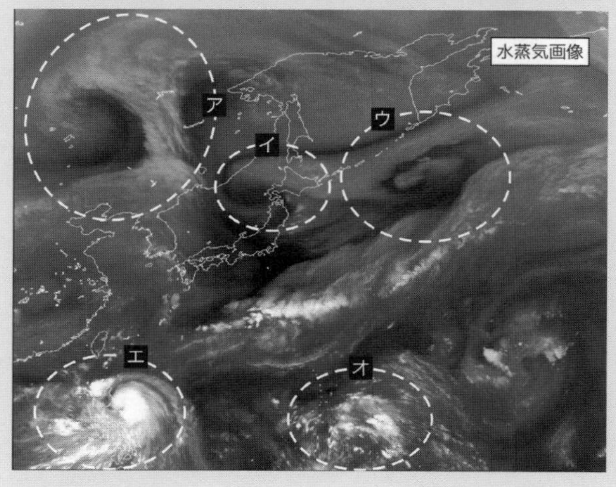

解説

(a) 発達期の台風として判断できるのは、エ。(b) アとウに注目すると、アの雲域でドライスロットが明瞭なので、閉塞期とみられる。よって、ア。(c) は、水蒸気画像に注目すると、イがあてはまるので、解答は①になります。

衛星画像の解析というのは、気象予報士にとって非常に大切な技術です。

雲だけではなく、天気図とあわせて解析をすると力がつきますから、ぜひ習慣にしてください。典型的な雲を見つけると楽しいものですよ。

また、私は勉強に飽きてくると空を眺めたりしていましたが、小さな雲ではなく大きな雲に覆われているようなときは、その雲が衛星画像に写っているかなぁ～と気象庁のホームページで確認して遊んでいました。画像解析の場合は、画像から雲という順序での解析ですが、その逆の工程ですね。「上層雲だから、赤外画像では白くて可視画像には写ってないな、きっと!」などと想像するのです。

見上げてばかりの雲も、時には遠い宇宙から見てみましょう。参考書とにらめっこばかりが勉強ではありませんから。

4-2 数値予報

ここは非常に重要なところです。数値予報とは、スーパーコンピュータで将来の大気の状態をシミュレーションして予測する方法で、現在の天気予報の基本となっているものです。最近の数値予報業務の技術革新はめざましく、モデルもどんどん変更されています。特に平成30年6月5日に、新しいスーパーコンピュータの運用を開始してから、気象計算のプログラムを、それまでに比べて約10倍の速度で処理できるようになりました。これによって、数値予報モデルも、プロダクトも、今後ものすごい勢いで改善されていく計画となっています。計画としては、全球モデルの予報時間を延長すること、台風の予報期間を延長すること、メソアンサンブル予報システムの運用を開始して集中豪雨や暴風などの災害をもたらす現象の予測を強化すること、2週間気温予報、黄砂情報の充実などがあげられます。すでに提供が開始されているものとしては、降水15時間予報などがあります。常に最新情報をチェックしましょう。

1 数値予報の手順

まずは数値予報の手順をしっかりと理解することが大切です。数値予報の原理は複雑ですし、数多くの用語が登場するので、はじめはとっつきにくく感じるかもしれません。難しそうな数式も、ちらほら目に入ってきます。でも、試験では、式の意味をどこまで理解しているのかを問われることはあっても、その数式をもとに複雑な計算をすることはありませんし、数式そのものを記述しなければならないこともありません。安心してください。

とにかく、基本は観測値から予報値を求めるまでのプロセスを理解することです。過程は少々複雑ですが、常に「今、学習していることは、そのプロセスのどの部分になるのか」を意識して、知識を整理しつつ理解を深めていきましょう。

「観測値としてはどのような観測のデータを使用しているのか」「観測値から格

子点での値を求めるにはどのような方法を用いるのか」「4次元変分法とはどういうものか」「パラメタリゼーションとは何か」など、手順を追うように理解していくとよいと思います。客観解析だの第一推定値だの、新たな用語もたくさん出てきますから、一つひとつの意味を覚えていくことが重要です。用語にさえ慣れてしまえば、過去問題でも同じポイントが繰り返し出題されていることに気づくと思いますよ。

頻出ポイントは、観測データの利用、客観解析、予報サイクルなどです。空間的にも時間的にも不規則な観測データをどのように利用するのかなど、理解しておいてください。ちなみに、古い過去問題に出てくる「初期値化」は、現在は行っていません。

[過去問] [48回] 平成29年度　第1回　専門知識　問5

気象庁の数値予報における客観解析について述べた次の文 (a) ～ (c) の正誤の組み合わせとして正しいものを、下記の①～⑤の中から一つ選べ。

(a) 客観解析は解析値の第一推定値を観測データによって修正する処理であり、第一推定値には、通常、気候値が用いられる。
(b) 観測データは第一推定値と比較され、その差が定められた基準を越える場合は解析に用いられない。
(c) 観測点の位置がモデルの格子点の位置と同じ場合には、その観測値が格子点の解析値となる。

	(a)	(b)	(c)
①	正	正	誤
②	正	誤	正
③	誤	正	誤
④	誤	誤	正
⑤	誤	誤	誤

解答 ▶ ③

解説

(a) 客観解析では、前の初期時刻の予報結果を第一推定値として用いられるので、誤り。(b) グロスエラーチェックといって、異常データをとりのぞく作業をしているので、正しい。(c) 観測点の位置と、モデルの格子点が同じ場合でも、解析値にはあらゆるデータを集めて利用しているので、誤り。したがって、解答は③になります。

2 数値予報のモデル

数値予報と一口にいってもさまざまなモデルがあり、格子間隔や層の数はモデルによって異なります。このモデルはものすごい勢いで改善が進んでいて、2022年現在の時点でも近年の過去問題とかなり異なりますので、最新情報のチェックが必要です。

最新情報は気象庁のホームページから入手しましょう。全球モデルの水平間隔は20km。平成19年まで稼働していた領域モデルと同じ水平間隔です。ここ15年の進化はそれほど素晴らしいということです。全球モデルが20kmになったことで、領域モデルと台風モデルは廃止されました。そのほかメソモデルの予報期間も15時間から39時間（最長で78時間）に延長されました。そして、局地モデルが登場し、水平間隔2kmで10時間先まで予報しています。それぞれのモデルの予報期間も延びています。

気象庁が改善や変更をした事柄が、気象予報士試験に反映されるのはとても早く、予報用語が改正されて「猛暑日」という言葉ができたときも、すぐに試験に登場していました。ですから、常に最新情報を頭に入れておいてください。

モデルなど変更点が多い内容より、数値予報の原理など変化しない内容のほうが基本事項であり、出題頻度は高いのですが、ときおり、モデルの運用状況についての出題があります。モデルの水平格子間隔は、予報をするうえでも知っておかなければいけない情報です。モデルによる予想可能なスケールについて理解して、現時点ではどこまでの予測が可能なのかを把握しておきましょう。

▼数値予報モデルの概要

数値予報システム（略称）	モデルを用いて発表する予報	予報領域と格子間隔	予報期間（メンバー数）	実行回数（初期値の時刻）
局地モデル（LFM）	航空気象情報 防災気象情報 降水短時間予報	日本周辺 2km	10時間	毎時
メソモデル（MSM）	防災気象情報 降水短時間予報 航空気象情報 分布予報 時系列予報 府県天気予報	日本周辺 5km	39時間	1日6回（03、06、09、15、18、21UTC）
			78時間	1日2回（00、12UTC）
全球モデル（GSM）	分布予報 時系列予報 府県天気予報 台風予報 週間天気予報 航空気象情報	地球全体 約20km	5.5日間	1日2回（06、18UTC）
			11日間	1日2回（00、12UTC）
メソアンサンブル予報システム（MEPS）	防災気象情報 航空気象情報 分布予報 時系列予報 府県天気予報	日本周辺 5km	39時間（21メンバー）	1日4回（00、06、12、18UTC）
全球アンサンブル予報システム（GEPS）	台風予報 週間天気予報 早期天候情報 ２週間気温予報 １か月予報	地球全体 18日先まで 約27km 18～34日先まで 約40km	5.5日間（51メンバー）	1日2回（06、18UTC）
			11日間（51メンバー）	1日2回（00、12UTC）
			18日間（51メンバー）	1日1回（12UTC）
			34日間（25メンバー）	週2回（12UTC火・水曜日）
季節アンサンブル予報システム（季節EPS）	３か月予報 暖候期予報 寒候期予報 エルニーニョ監視速報	地球全体 大気 約55km 海洋 約25km	7か月（5メンバー）	1日1回（00UTC）

出典：気象庁HP

3 数値予報モデルの計算式

この数値予報の項目で難しく感じられるのが、数値予報モデルの計算式です。微分方程式が登場しますが、試験で問われるのは、それぞれの方程式の意味を理解しているかどうかです。

いろいろな方程式のなかでも過去問題で多く出題されてきたのは、水平方向の運動方程式です。「∂」だらけの式を丸暗記する必要はありません。

「*水平方向の時間変化＝移流効果＋コリオリ力＋気圧傾度力＋摩擦力*」というように、数式がどのような物理的意味を表しているのか、その内容を理解しておくことが大切です。時間変化というのは、つまりは加速度のことです。空気塊にかかる加速度は、どのような要素の和であるかを理解していれば大丈夫です。他の式も同じように意味を理解しておきましょう。

[過去問] [39回] 平成24年度　第2回　専門知識　問5

下記の式は、気象庁の全球数値予報モデルで用いられる、ある物理量の予報方程式の構成を示すものである。この式について述べた次の文章の空欄 (a) ～ (d) に入る適切な語句の組み合わせを、下記の①～⑤の中から一つ選べ。

> *格子点における物理量の時間変化＝*
> *移流による変化＋コリオリ力による変化＋気圧傾度力による変化*
> *＋パラメタリゼーション項*

この式は、大気の (a) に関する予報方程式である。移流による変化とは、ある時刻の物理量が空間的に変化しているときに、大気の移動によって格子点に現れる物理量の時間変化を表す。コリオリ力は、地球の自転とともに回転する座標系を用いたために見かけ上現れる力で、その大きさは地球の (b) に比例する。気圧傾度力は等圧線と直角に高圧側から低圧側に向かって働く。パラメタリゼーション項は格子間隔より (c) スケールの現象の効果を取り入れるためのもので、これには積雲対流や (d) による効果が含まれる。

	(a)	(b)	(c)	(d)
①	温度	自転角速度	大きい	分子粘性
②	水平風	自転角速度の２乗	大きい	分子粘性
③	水平風	自転角速度	小さい	分子粘性
④	水平風	自転角速度	小さい	乱流
⑤	温度	自転角速度の２乗	小さい	乱流

解答 ▶ ④

解説

(a) は、問題の式の中に、コリオリ力、気圧傾度力などとあることから、水平風とわかります。(b) コリオリ力は、自転角速度に比例し、(c) パラメタリゼーションは、格子間隔より小さいスケールの現象の効果を取り入れるためのもので、(d) 乱流などの効果が含まれます。したがって、解答は④になります。

[過去問] [52回] 令和元年度　第1回　専門知識　問4

以下の式は、数値予報で用いられる水平方向の運動方程式である。この式の気象庁のモデルにおける取り扱いについて述べた次の文(a)～(c)の下線部の正誤の組み合わせとして正しいものを、下記の①～⑤の中から一つ選べ。

$$\text{水平速度の時間変化} = \underset{\text{（第１項目）}}{\underline{\text{移流による変化}}} + \underset{\text{（第２項目）}}{\underline{\text{コリオリ力による変化}}} + \underset{\text{（第３項目）}}{\underline{\text{気圧傾度力による変化}}} + \underset{\text{（第４項目）}}{\underline{\text{物理過程による変化}}}$$

(a) 総観規模の現象に対しては、コリオリ力と気圧傾度力がつりあう地衡風平衡近似がよい精度で成り立つことから、それらの現象を主な予測対象とする<u>全球モデルでは、上式の右辺の第２項と第３項を計算していない。</u>

(b) スケールの小さい現象ではコリオリ力の効果は小さいことから、それらの現象を主な予測対象とする<u>局地モデルでは、上式の右辺の第２項を計算していない。</u>

(c) 地表面付近における乱流の効果などの、格子間隔より小さいスケールの現象の効果は、<u>上式の右辺の第４項の中で計算されている。</u>

	(a)	(b)	(c)
①	正	正	誤
②	正	誤	正
③	誤	正	誤
④	誤	誤	正
⑤	誤	誤	誤

解答 ▶ ④

解説

(a) コリオリ力と気圧傾度力がつりあう地衡風平衡近似の状態でも第2項目と第3項目を計算していないわけではないので誤り。(b) コリオリ力の効果は小さくても第2項目は計算しています。誤り。(c) 地表面付近における乱流の効果などの格子点間隔よりも小さいスケールの効果は第4項目の物理過程の変化により計算しています。これをパラメタリゼーションといいます。正しい。したがって、解答は④になります。なお、試験問題によっては第4項目をパラメタリゼーション項と表記する場合もあります。

4 天気予報ガイダンスなど

また、数値予報の誤差や限界についてと、利用上の留意点も、出題頻度の高いところです。ガイダンス（天気予報への翻訳）も毎回出題されているので、どのような種類があって、どのような誤差なら補正することができるのかを把握しておいてください。ガイダンスの作成手法や、利用する際の注意点などを理解しておくことは、気象予報士としてとても大切なことです。

[過去問] [36回] 平成23年度　第1回　専門知識　問7

気象庁では、数値予報の結果に対してカルマンフィルターやニューラルネットワーク等の手法を適用して天気予報ガイダンスを作成している。ガイダンスについて述べた次の文 (a) ～ (c) の正誤の組み合わせとして正しいものを、下記の①～⑤の中から一つ選べ。

(a) ガイダンスでは、数値予報モデルの地形が実際の地形を十分に表現していないことによって生ずる予想値の誤差を修正することはできない。
(b) カルマンフィルターを用いた最高気温ガイダンスでは、ガイダンス作成の直前に入力される数値予報結果が同じであれば、常に同じ最高気温が予想される。
(c) ガイダンスは、数値予報の予想値の系統的誤差の修正に対して有効であるが、予想値のランダムな誤差を修正することはできない。

	(a)	(b)	(c)
①	正	正	正
②	正	正	誤
③	正	誤	誤
④	誤	正	誤
⑤	誤	誤	正

解答 ▶ ⑤

解説

(a) そもそも、地形などの系統的誤差を修正することがガイダンスの目的なので、修正できないというのは誤り。(b) カルマンフィルターは、予報をするたびに学習して係数を変化させるので、誤り。(c) は記述の通り。正しい。したがって、解答は⑤になります。

[過去問] [52回] 令和元年度　第1回　専門知識　問6

気象庁が作成している天気予報ガイダンスについて述べた次の文(a)～(c)の正誤の組み合わせとして正しいものを、下記の①～⑤の中から一つ選べ。

(a) 天気予報ガイダンスは、数値予報モデルの系統誤差を統計的に補正することができるが、初期値の誤差に起因するランダム誤差を補正することは困難である。
(b) カルマンフィルターを用いたガイダンスでは、実況の観測データを用いて予測式の係数を逐次更新しており、局地的な大雨など発生頻度の低い現象でも適切に予測することができる。
(c) ニューラルネットワークを用いたガイダンスは、目的変数と説明変数が非線形関係を持つ場合にも適用できる一方で、予測結果の根拠を把握することは困難である。

	(a)	(b)	(c)
①	正	正	誤
②	正	誤	正
③	正	誤	誤
④	誤	正	誤
⑤	誤	誤	正

解答 ▶ ②

解説

(a) 天気予報ガイダンスは数値予報モデルの地形などによって起きる系統的誤差は補正できるが、ランダム誤差は補正できないので正しい。(b) 局地的な大雨などの発生頻度の低い現象は予測できない。誤り。(c) ニューラルネットワークは非線形の関係を持つ場合にも適用できるが、予測結果の根拠は把握できない。正しい。したがって、解答は②になります。

何だか先ほどから、あれもこれも「出題頻度が高い」と言い続けている気がしますが、数値予報は毎年4問程度出題される重要な項目ですから、知識を確実にしておいてほしいところなのです。できるだけ多くの問題に触れて、感覚をつかんでおいてくださいね。

4-3 短期予報・中期予報

ここまで観測と数値予報について学んできました。この先は、「短期予報」「中期予報」「長期予報」「局地予報」……と続きます。

しかし、ここでくわしい学習に入る前に、どの年度でもかまいませんから、専門知識の試験問題を問1から問15までざっと眺めてみてください。そうすると、温帯低気圧の構造、冬型の気圧配置、梅雨、積乱雲など、気象現象に関する幅広い知識について、かなりの問題数が出題されていることがわかります。

改めて専門知識試験の科目を見てみると、「ハ、短期予報・中期予報」などの項目とともに、必ず「○○予報を行ううえで着目する気象現象の把握、予報に必要な各種気象資料の利用方法等」とあります。ということは、いずれにしろ、さまざまなスケールの気象現象を理解していなければいけないということですね。当然といえば当然ですが、気圧配置や大気現象の知識を確実にしておくことが大前提となります。

インターネットの活用

気象現象の知識は、実技試験でも必要不可欠の知識ですから、気象現象の構造や特徴などをいろいろな角度から理解しておきましょう。参考書や過去問題から知識を積み重ねるうちに、理解も深まっていくと思いますが、時間に余裕があるときは、インターネットを見るのも参考になります。

時に間違った情報が載っていることもあるので注意が必要ですが、同じ現象一つとってもさまざまな解説や解釈があり、「なるほどなぁ」と納得することも多くありました。

ネット閲覧をしていると、あっという間に時間が経ってしまうので、気をつけなければ勉強時間が侵食されてしまいます。でも、私は勉強の合間に、同じく気象予報士を目指す人のブログを覗いてみたり、気象予報士の掲示板で疑問を解決したりして、かなりインターネットを活用しました。

脱線が長くなりましたが、とにかく、現象の理解は一般知識にも専門知識にも実技試験にも必要不可欠な知識ですから、基本事項はしっかりと理解して、多くの事例を見て、多くの問題に触れてください。

温帯低気圧、高気圧、傾圧不安定波、寒冷低気圧（寒冷渦）、梅雨前線、冬型の気圧配置（山雪型・里雪型）、台風、海陸風、竜巻などの現象はもちろんのこと、エマグラムの読み取りも必須事項です。本書（P.182）の「現象別理解のためのポイント」も活用して、自分はどのくらい理解できているのかを確認しておいてくださいね。

着目すべき気象現象について

では、過去問題に戻りましょう。

この項目では、短期・中期予報を学習しますが、過去問題で出題されているほとんどが、短期・中期予報で着目すべき気象現象についての問題です。最も多いのは、現場で即必要な力を問われるような出題といえます。基本をしっかり押さえておきましょう。

[過去問] [35回] 平成22年度　第2回　専門知識　問11

850hPa風・相当温位解析図（a）～（d）と、そのときの地上付近の気象状況を説明した文ア～エとの組み合わせとして最も適切なものを、下記の①～⑤の中から一つ選べ。

ア　前線を伴った低気圧が四国の南にあり、北日本の一部を除き雨や雪となった。

イ　発達中の低気圧が日本海を北東進し、低気圧から温暖前線が東日本に、寒冷前線が東シナ海にのびている。北海道北部を除き全国的に雨が降った。

ウ　梅雨前線が華中から九州北部を通り東日本の南岸に停滞している。九州では局地的に1時間に50mmを超える非常に激しい雨が降った。

エ　台風が四国の南を北東に進んでおり、本州の南岸に停滞する秋雨前線の活動が活発化した。

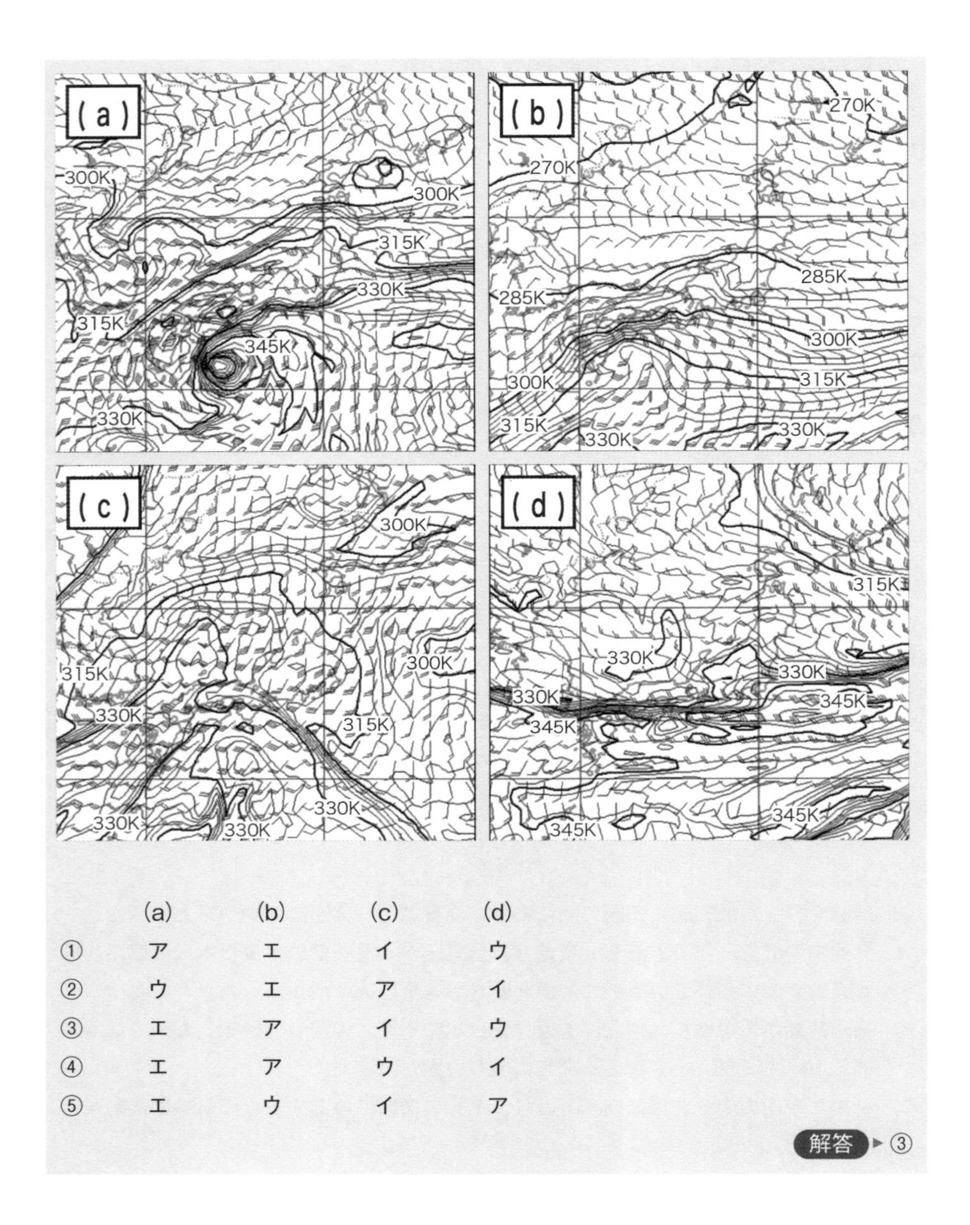

	(a)	(b)	(c)	(d)
①	ア	エ	イ	ウ
②	ウ	エ	ア	イ
③	エ	ア	イ	ウ
④	エ	ア	ウ	イ
⑤	エ	ウ	イ	ア

解答 ▶ ③

解説

850hPaと、地上の気象状況の組み合わせを選ぶ問題です。渦の場所や、相当温位の値や、等相当温位線の混んでいる場所などで総合的に判断します。解答は③になります。

予報の利用についての問題もあります。出題頻度は高くはありませんが、日々の天気予報を活用する際にも必要な常識です。

短期予報と中期予報

短期予報は、今日・明日・明後日の天気予報です。つまり、普段「天気予報」と呼んでいるのは、短期予報なのです。そして、中期予報は、1週間ほど先までの天気、週間天気予報です。普段、何気なく耳にしている天気予報の用語、実はこんな意味があったのか！　など発見しつつ、学習してみてください。

それぞれの予報の対象期間や、一次細分区域や地方予報区について、予報要素（風・天気など）、発表回数などの基本に加え、各要素はどのガイダンスで翻訳されているのかを理解しておきましょう。

また、予報用語全般に関しても、一通り目を通しておきましょう。

全球アンサンブル予報モデル

全球アンサンブル予報モデルは、水平格子間隔が40km、鉛直層数100層になっています。週間天気予報には、天気や降水確率・気温に加えて、日別信頼度がA・B・Cランクで発表されています。かつての週間天気予報は前半ほど当たる確率が高く、後半ほど低くなっていくとされてきましたが、「日別に」雨が降るか降らないかの確からしさが表現されているのです。そのため、週の後半にAがついていたり、週の前半でもBとなっていたりします。「この日は予報が変わりにくい」とか、「変わる可能性がある」などの情報が読み取りやすくなっているということです。運動会や遠足などの行事の計画に、より活用しやすくなっています。

4-4 長期予報

長期予報には、1か月予報・3か月予報・暖候期予報・寒候期予報があります。その内容は、「平年からの偏り」を表しています。

対象期間が長期になると、扱う現象も総観規模ではなく、超長波などの大きな規模になってきますし、扱う天気図も、私たちがよく目にする天気図ではなく、月平均天気図など少し馴染みの薄いものになってきます。

この、月平均天気図の読み取り……個人的にはちょっと苦手でした。今から思えば、見慣れていないのが原因だったのでしょう。でも、これからの受験生は、気象予報士試験も回を重ね、月平均天気図と偏差の読み取りの問題も数多くこなすことができるので、見方にさえ慣れれば、出題は特徴的なパターンについての内容ばかりですから心配はいらないと思います。

東西指数、ゾーナル、偏差の＋－、西谷、東谷など、注目すべき箇所を把握して、大きな流れの場が日本にどのような影響を及ぼすのかを理解しておいてください。暖冬や冷夏など、特徴的なパターンも整理して頭に入れておきましょう。

そして、長期予報の予報は、アンサンブルという手法が用いられています。このアンサンブル予報についても、しくみや信頼度などについて、しっかりと理解しておいてください。ちなみに、1か月予報に用いる数値予報モデルは、2022年現在、18日先まで水平約27km格子間隔、18日～34日先まで約40kmです。

[過去問] [54回] 令和2年度　第1回　専門知識　問15

図はある年の7月上旬の旬平均の500hPa高度と平年差である。このときの天候について述べた次の文 (a) ～ (c) の正誤の組み合わせとして正しいものを、下記の①～⑤の中から1つ選べ。

(a) 北日本では、平年より気温が高かった。
(b) 北・東日本では、太平洋側を中心に平年より日照時間が多かった。
(c) 沖縄・奄美では、平年より日照時間が多く気温が高かった。

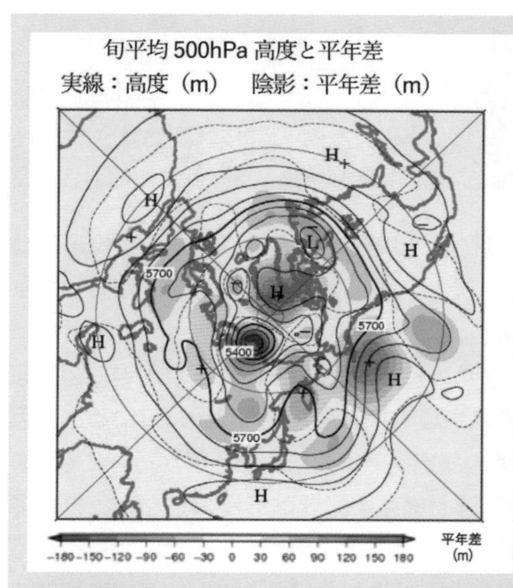

	(a)	(b)	(c)
①	正	正	正
②	正	正	誤
③	正	誤	正
④	誤	誤	正
⑤	誤	誤	誤

解答 ▶ ④

解説

(a) 北日本は負偏差域に入っており、500hPaの高度が平年より低く、気温も低いため誤り。(b) オホーツク海付近で平年よりも500hPaの高度が高く、優勢なリッジ場となっている。地上ではオホーツク海高気圧が発生していると考えられ、北日本と東日本の太平洋側は曇天・低温となるため誤り。(c) 沖縄・奄美は太平洋高気圧に覆われており、正偏差域でもあるため、日照時間が多く、気温が高い。正しい。したがって、解答は④になります。

また、2週間気温予報と早期天候情報についても知っておきましょう。このあたりは、変更点の多いところです。気象庁のホームページには、解説やリーフレットなどが載っているので、見ておきましょう。

用語解説　**アンサンブル予報**

わずかに異なる複数の初期値に基づく数値予報を行い、それぞれの予報結果を平均する手法。一つの初期値による予報に比べて精度の高い予報が期待できる。

4-5 局地予報

積乱雲や局地風・海陸風などの局地現象に加えて、大きなスケールの現象と地形などの影響によって局地的な風が吹いたり、ある地域に集中して雨が降ったりすることも含めて理解していきましょう。

もともと、どんな小さな現象でも、相対的に大きな現象に含まれた場で起こるのですから、大きな現象が局地現象の発生しやすい条件を作り出しているといえます。ですから、「局地予報」には、大きな規模の現象からの理解が不可欠です。

といっても、「範囲が広くて大変だ！」と構える必要はありません。これまでの知識に局地現象の知識を少しプラスしていけばよいのです。それに、竜巻など小さな渦の場合は地球の自転の影響をほとんど受けないことなど、基本事項はすでに一般知識で学習しているはずです。ここは、過去問題を繰り返し解いて、理解度をチェックしていくとよいでしょう。

繰り返し出題されているのは、発達した積乱雲とそれに伴う現象（ダウンバースト）、海陸風、竜巻です。集中豪雨や、降雪、逆転層、収束なども必要な知識です。総観規模の現象と局地的な現象の関連性をしっかりと把握しましょう。そして、局地現象の特徴や発生するメカニズムも理解してください。

[過去問] [48回] 平成29年度　第1回　専門知識　問9

積乱雲について述べた次の文 (a) ～ (d) の正誤について、下記の①～⑤の中から正しいものを一つ選べ。

(a) 積乱雲が大規模に発生する前の大気の成層状態は、下層から中層にかけて絶対不安定となっており、降水が始まると積乱雲内の大気は条件付き不安定となる。

(b) 夏季の熱雷の場合、個々の積乱雲の寿命は30分～1時間程度である。

(c) マルチセル型あるいはスーパーセル型と呼ばれる積乱雲が数時間にわたって強い上昇気流を維持するためには、その雲の周辺で風の鉛直シアーが強いことが必要である。

(d) 梅雨期には、下層に暖湿な空気が流入し対流不安定の成層状態となっていることが多いため、気層全体が持ち上げられると積乱雲が発達しやすい。

①(a) のみ誤り
②(b) のみ誤り
③(c) のみ誤り
④(d) のみ誤り
⑤すべて正しい

解答 ▶ ①

解説

(a) 積乱雲が発生するような状況では、絶対不安定にはならず、また降水が始まると湿潤断熱減率と等しくなり成層は中立となるので、誤り。ここで解答は①となりますが、確認のため読み進めると、残りの (b) ～ (d) はすべて記述通り正しい。したがって、解答は①となります。

実際の現場でも、短時間に強い雨を降らせる雲は寿命も短く、場所や時間を特定するのが難しいものです。ここで学ぶ知識は、実技試験にも必要となりますし、実際の現場でも活きる知識です。多種多様な現象について理解を深めておきましょう。

4-6 短時間予報

気象予報士試験にチャレンジしていたころ、専門知識でいちばん苦手だったのが、短時間予報でした。技術革新による変更点が多すぎて、何が何だか……。年度を追ってどう改善されてきたのかを理解して、やっと混乱の糸がほどけたのでした。頻繁に改善するというのは、それだけ必要とされている情報であり、まだまだ改善の余地もあり、気象庁も力を入れている証拠です。出題頻度も高いのでしっかりと学習しましょう。

そう深く考えずにこの項目をさらりと学習して、そのまま疑問を抱かずにすんでいる方も多いかもしれません。でも、過去問題をよく比較すると、いろいろと矛盾点があることに気づくはずです。少し細かな知識になりますが、気象予報士になってから予報結果を正しく解釈し、利用するためにも、ここはしっかりと理解しておきましょう。

1 短時間予報の種類

まず、結論からいうと、気象庁が2022年現在行っている短時間予報は、「降水ナウキャスト」と「降水短時間予報」などがあり、降水ナウキャストは、5分ごとに発表され、1時間先までの降水の強さを1kmメッシュで予報します。ただ、この降水ナウキャストの気象庁のホームページ上での表示は令和3年2月24日に終了し、現在は表示されていません。降水短時間予報は、6時間先までと、7時間から15時間先までとで、発表間隔や予測手法が異なります。6時間先までは、10分ごと1kmメッシュで予報されています。7時間から15時間予報は、1時間降水量を、1時間ごと5kmメッシュで予報します。それぞれの特徴をよく知ることで、迅速な防災活動に役立てたり、避難行動の判断の参考にしたり、早めの災害対策に役立てたりできます。

一方、「高解像度降水ナウキャスト」というのもあり、これは250m解像度の降水分布を30分先まで予測するものです。これはあくまでも2022年現在なので、今現在の情報を把握しておきましょう。

また、予報までの手順やしくみ、どのようなデータを取り込んで予測しているのかも、それぞれしっかりと把握しておきましょう。モデルや、パターンマッチング、重みについても理解しておいてください。そして、どの情報を、どのタイミングで利用することが、何に対して効果的なのか、しっかりと理解しておきましょう。現場でもちろん必要な力であると同時に、自分自身や大切な人の身を守る情報でもありますから。

2 過去問題の解答例には要注意

受験という意味では、本当にここは要注意な項目です。過去問題の解答例を鵜呑みにすると、現在としてみれば間違った知識をインプットしてしまうこともあるので、情報を常にアップデートしておく必要があります。

たとえば、降水短時間予報の変更内容をざっと振り返ると、最初は3時間先までだった降水短時間予報が、メソ数値予報モデルの本格運用で6時間先に延長され、4次元変分法の導入や非静力学モデルの導入で、予報精度が改善されました。その後、スーパーコンピュータの導入によって、メソモデルと局地モデルを統計的に処理し、降水15時間予報として、予報時間を延長しました。とにかく目覚ましい進歩です。

たとえば、「新たな降水域の発生は予測できるか」という点について考えてみると、現在の降水短時間予報には数値予報も取り入れられているので、初期時刻にない降水域でもその可能性は予測できます。正誤を判断する問題であれば「正」ですね。しかし、古い参考書には「できない」と書かれていることがあります。これはなぜかというと、降水短時間予報が3時間先までだった頃は外挿のみによる予報だったため、初期時刻にない降水域は予測できなかったからです。現在なら「正」となる問題が、その時点では「誤」が正解だったというわけです。

ですから、問題によっては、過去問題での答えが現時点で正しいとは限らないのです。ややこしいですが、15問中の貴重な1点のためにも、現場で即戦力となるためにも、現時点での正確な数字や知識を整理しておきましょう。

常に「現状ならどの程度まで予測が可能なのか」を把握しておいてください。もちろん、細かな変更点をすべて記憶する必要はありません。「現在はどこまでできるのか」を理解していくことが重要なのです。

[過去問] [46回] 平成28年度　第1回　専門知識　問13

気象庁で発表している降水短時間予報は、実況の降水量分布から主に補外により求めた降水量予測(以下、実況補外予測)と、数値予報モデルで計算した降水量予測(以下、数値予測)から、それぞれの精度に応じて予測を結合して作成している。

降水短時間予報について述べた次の文(a)～(c)の下線部の正誤の組み合わせとして正しいものを、下記の①～⑤の中から一つ選べ。

(a) 実況補外予測では、降水域の移動を数値予報で計算された風のみを利用することによって行う。

(b) 数値予測では、メソモデルの結果に加えて局地モデルの結果も加味している。そのため、メソモデルで予測されていない対流性降水の発生を予測する場合がある。

(c) 実況補外予測で予測される強い降水域と数値予測で予測される強い降水域の位置がずれている場合、両者の予測を、重みを付けて足し合わせるため、降水の強さが弱められる傾向がある。

	(a)	(b)	(c)
①	正	正	正
②	正	誤	誤
③	誤	正	正
④	誤	正	誤
⑤	誤	誤	正

解答 ▶ ③

用語解説

外挿

過去から現在のデータから将来を予測するのが外挿。一方、内挿は中間を予測。降水短時間予報の降水域の予測は、初期時刻から数時間は、この外挿（実況補外ともいう）の重みが強くなっている。

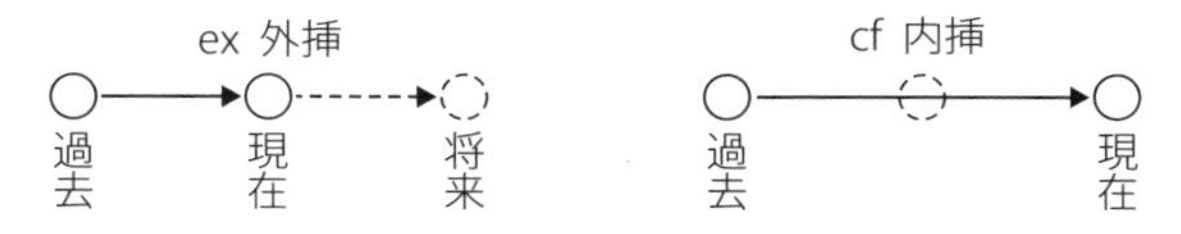

解説

(a) 実況補外予測では、降水域の移動も予測に反映させているので、誤り。(b) (c) は記述の通りで、正しい。したがって、解答は③になります。

[過去問] [53回] 令和元年度　第2回　専門知識　問12

気象庁は、2018年6月、降水短時間予報の予報時間を6時間先までから15時間先までに延長した。この降水短時間予報について述べた次の文 (a) ～ (c) の正誤の組み合わせとして正しいものを、下記の①～⑤の中から一つ選べ。

(a) 15時間先までの降水短時間予報は、夜間から明け方に大雨となる見込みを暗くなる前の夕方の時点で提供することから、早めの防災対応につながることが期待される。
(b) 降水短時間予報は、1時間ごとの1時間降水量を、6時間先までは1km四方で、7～15時間先までは5km四方で予報している。
(c) 7～15時間先の降水短時間予報は、メソモデルと局地モデルを統計的に処理した結果を組み合わせて作成している。

	(a)	(b)	(c)
①	正	正	正
②	正	正	誤
③	正	誤	正
④	誤	正	誤
⑤	誤	誤	誤

解答 ▶ ①

解説

(a) 降水短時間予報が15時間先まで延長することで、夜間に大雨が予想される場合、暗くなる前の夕方のうちに夜間から翌日の明け方の大雨の動向を確認し、早めの避難行動や災害対策に役立てることができるため正しい。(b) (c) 記述の通りで正しい。したがって、解答は①になります。

4-7 気象災害

試験で必ず出題される項目です。いろいろな災害を組み合わせて1問として出題されることも多いので、幅広い知識が必要になります。重箱の隅をつつくような出題も時折ありますが、大半は常識で考えれば判断できるような問題であったり、気象現象をよく理解していれば判断できる問題だったりします。

ここは、テキストに一通り目を通すぐらいにして、先に過去問題に取り組んでみたほうが、どこを覚えるべきかなどコツがつかみやすいかもしれません。

これまでの試験では、注意報･警報の対象地域の区分やその発表形式、注意報･警報の発表基準は地域によって異なること、地震などのあとは基準が一時的に引き下げられる場合があることなどが、繰り返し出題されています。発表するタイミングや、切り替え・解除、どのような種類の注意報・警報・気象情報があるのかを整理して覚えておきましょう。

そして、やはり、気象現象の知識が重要になります。災害と気象現象の因果関係を把握することが重要です。特に、台風は大雨・暴風・高潮など、大きな災害を引き起こす気象現象ですから、最も警戒すべき現象といえます。

[過去問] [48回] 平成29年度　第1回　専門知識　問13

気象庁が発表する気象警報・注意報に関する次の文 (a) ～ (d) の正誤の組み合わせとして正しいものを、下記の①～⑤の中から一つ選べ。

(a) 警報や注意報の発表や解除は、原則として5時、11時、17時の天気予報の発表時刻にあわせて実施することがあらかじめ定められている。ただし、天気の急な変化が生じた場合等はその限りではない。

(b) 警報や注意報は、いくつかの市町村をまとめた地域を対象に発表されており、市町村それぞれは対象になっていない。

(c) 警報や注意報は、風速や指数等その基準の対象となる要素が、あらかじめ設定された基準値を超えたことが確認されてから発表される。

(d) 警報や注意報の基準値は一つの府県予報区内では基本的に同じである。府県予報区内に複数の発表区域が設定されているのは、激しい現象が局地的に発生することがあるためである。

	(a)	(b)	(c)	(d)
①	正	正	誤	正
②	正	誤	正	誤
③	誤	正	誤	正
④	誤	誤	正	正
⑤	誤	誤	誤	誤

解答 ▶ ⑤

解説

(a) 気象警報・注意報の発表時間は決められていないので、発表や解除の時刻が定められているというのは誤り。(b) 警報や注意報は、基本的に市町村ごとなので、誤り。(c) 気象警報や注意報は、基準値を超えることが予想されるときに発表される。確認されてからというのは誤り。(d) 基準値は、市町村ごとに異なるので、誤り。したがって、解答は、すべて誤りの⑤になります。

防災気象情報に関しては、本当にめまぐるしく改善されています。災害発生の危険度を地図上に色分けして表示する「危険度分布（キキクル）」の提供がスタートしていたり、竜巻の発生する危険な気象状況をお知らせする竜巻注意情報、重大な災害の起こる恐れがあるときに「特別警報」を発表するなど、私が受験生だった頃にはなかった情報が、気象庁からどんどん発信されています。

また、台風に関しては、1日8回約3時間ごとに実況を発表する24時間予報と、1日4回発表する120時間予報（5日先までの予報）があります。進路予報の精度がよくなったことを受け、台風進路予想図の予報円の半径が小さくなったり、発表時間の間隔が短くなったり、温帯低気圧に変わりつつある台風に関する情報が提供されるようになったりしています。市町村等をまとめた地域ごとに、「暴風域に入る確率」も発表しています。

台風のエネルギー源や構造はもちろんのこと、定義もしっかり覚えておきましょう。台風に関する用語の定義を覚える際は、風速の数字ばかりに気をとられてしまいがちですが、「平均風速」なのか「最大風速」なのかも、あわせて覚えておいてください。台風進路予想図を正しく読み取り、利用する力は、受験する際にも、現場で業務を行う際にも、非常に重要になるものです。

今後も、変更・改善の嵐になるでしょう。ホームページを要チェックです。

4-8
予想の精度の評価

この項目からは、ほぼ毎年1問出題されています。でも、難しくはないですよ。ここで確実に1点積み重ねましょう。よく出題されるのは、予報精度を評価する方法についてです。その特徴や計算式を覚えておいてください。実際に計算問題として出題されることも多いのですが単純計算です。心配はいりません。

ただ、単純だからこそ、丸暗記しようと思ってもすぐに忘れて、思い出せなくなるんですよね。意味を理解して覚えましょう。

雨が降るか降らないか等のカテゴリー予報には、適中率、空振り率、見逃し率、スレットスコアがあります。「空振り」や「見逃し」という言葉のとおり、野球にたとえると理解しやすいと思います。「現象ありと予報する」＝「バットを振る」というイメージです。

▼カテゴリー予報　分割表

予報＼実況	現象あり	現象なし	計
現象あり	A	B	N1
現象なし	C	D	N2
計	M1	M2	N

- 適中率＝（A＋D）／N
- 見逃し率＝B／N
- 空振り率＝C／N
- スレットスコア
  ＝A／（A＋B＋C）
- 捕捉率＝A／N1

空振り：バットを振ったけど、空振りだった！
**　→　雨が降るっていったけど、降らなかった！**
見逃し：バット振らなかったのに、ストライク！　見逃した！
**　→　雨が降らないっていったのに、降っちゃった！**

全体のうち、このケースがどのくらいの割合になるかを計算します。あとは簡単。適中率もスレットスコアも、理解は難しくありません。試験によく出ますので、覚えておきましょう。

一方、注意報・警報のように、ある現象が起きると予想される場合のみに発表されるものは、評価の方法が少し違います。これも、分割表の中のアルファベットで、「適中率はA／M1…」と覚えるより、「(出した) 分の (あった)」(＝現象があった／注意報を出した) など、言葉に解釈すると覚えやすいと思います。そのほか、平均誤差・2乗平均平方根誤差、ブライアスコアについても、なぜこのような計算方法を用いるのかという理解とセットにして、頭にインプットしましょう。

[過去問] [53回] 令和元年度　第2回　専門知識　問14

表は、予報区A、Bにおける、1日～5日の1mm以上の降水の有無の予報および実況を示したものであるが、予報区Aの2日の予報のデータが空欄になっている。この期間の予報区Aの見逃し率が予報区Bの見逃し率と等しいとき、次の文(a)～(c)の正誤の組み合わせとして正しいものを、下記の①～⑤の中から1つ選べ。

(a) 予報区Aの2日の予報は、「○」である。
(b) この期間の降水の有無の適中率は、予報区Aのほうが高い。
(c) この期間の降水の有無の空振り率は、予報区Aのほうが高い。

予報区A

日付	1日	2日	3日	4日	5日
予報	○		●	●	●
実況	○	●	●	●	○

予報区B

日付	1日	2日	3日	4日	5日
予報	○	○	●	●	○
実況	○	●	○	●	○

●：1mm以上の降水あり　○：1mm以上の降水なし

	(a)	(b)	(c)
①	正	正	正
②	正	誤	正
③	正	誤	誤
④	誤	正	誤
⑤	誤	誤	正

解答 ▸ ③

解説

(a) 問題に予報区Aと予報区Bの見逃し率が同じと書かれており、予報区Bの見逃しは2日目の1回。予報区Aも2日目の予報を○にすることでこの日が見逃しとなり、これで予報区Aと予報区Bの見逃しが同じ1回になる。正しい。(b) (c) 予報区Aの2日目の予報を○にすると、適中しているのは1日目と3日目と4日目の3回。予報区Bは1日目と4日目と5日目の3回である。つまり適中率は同じとなる。また予報区Aの空振りは5日目の1回、予報区Bの空振りは3日目の1回で、空振り率も同じとなる。(b) (c)の記述はともに誤り。したがって、解答は③になります。

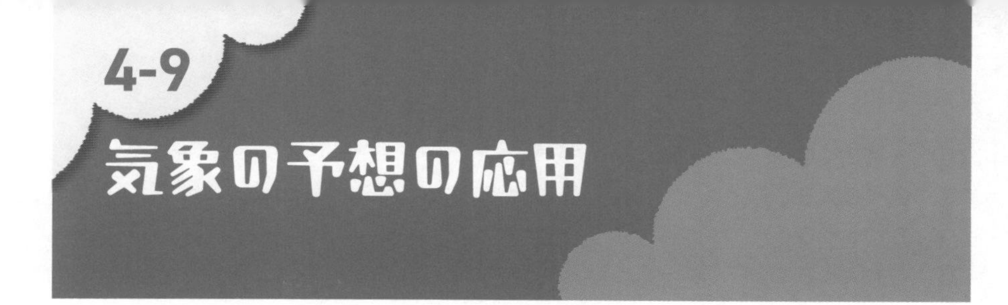

いよいよ最後の項目です。ここで、コスト・ロスについて理解しておきましょう。過去、数問程度の出題ではありますが。

コスト・ロスとは、言葉のとおり、コストとロスを計算して、その経済効果を考えることで、予報の有効に利用する方法の一つです。問題として出題されると、一見難しそうに感じるかもしれませんが、実は簡単ですから内容を理解しておく程度で十分です。

[過去問] [26回] 平成18年度　第1回　専門知識　問14

予報による経済効果を評価する場合に「コスト・ロス」の考えが利用されることがある。降雨などの現象の予報にもとづいて対策を講ずる費用を「コスト」と呼び、対策をとらずその現象が発生したことにより被る損失を「ロス」と呼ぶ。コストとロスの和が統計的に最小になるものが、最も経済効果の高い予報と評価できる。

仮に、予報が「現象あり」という場合だけに対策を講じるとし、その場合に実際に現象が発生したときには、適切に対策がとられることにより、ロスは0となるとする。

1回あたりのコストを100、ロスを300とした場合、次のA～Cの分割表について、コストとロスの和が小さい（経済効果の高い）順に並べたものとして正しいものを、下記の①～⑤の中から一つ選べ。

A

		予報	
		現象あり	現象なし
実況	現象あり	10	10
	現象なし	5	15

B

		予報	
		現象あり	現象なし
実況	現象あり	10	10
	現象なし	10	10

C

		予報	
		現象あり	現象なし
実況	現象あり	15	5
	現象なし	10	10

① A＜B＜C
② A＜C＜B
③ B＜A＜C
④ C＜A＜B
⑤ C＜B＜A

解答 ▶ ④

解説

A　コスト100×15＝1500　ロス300×10＝3000　総和4500
B　コスト100×20＝2000　ロス300×10＝3000　総和5000
C　コスト100×25＝2500　ロス300× 5 ＝1500　総和4000

したがって、C＜A＜Bとなり、解答は④になります。

これで専門知識の分野は一通り終了です。一般知識・専門知識とあわせると、膨大な量の知識がインプットされていることと思います。

初学者の方は、はじめのうちは学習しても覚えることだらけで、「いったいどこまで勉強すればいいの？」と不安になることもあるでしょう。1日や2日で学習できる内容ではありませんし、過去問題の細かなところも「こんなところまで出題されるのか？！」と思うかもしれません。しかし、必要以上に気にすることはありません。とにかく全体像をつかむことが大切です。

日々の学習は、パズルのピースを一つひとつ埋めていく作業です。一つひとつが組み合わさっていくと、あるとき急に全体像が見えてくるときがきますから、一歩一歩前に進んでいきましょう。

第5章
実技試験クリアを目指して!
――実技突破基礎編

実技試験の勉強を始めると、まず暗記事項の多さに驚くと思います。実技試験では天気記号に関する知識の有無や、天気図を読む際に必要不可欠となる知識を問われます。
ここでは、気象予報士の実技試験における基礎知識を徹底的に学習していきましょう。

5-1

天気図を読めるようになろう！

1 暗記するにはまず理解する

基礎知識として覚えておきたい記号は、次のようなものです。

- 雲形の記号
- 国際気象通報式による現在天気
- 全雲量による天気分類
- 過去天気

これらの記号すべてを「暗記事項です」といわれると、その膨大な量に驚いてしまいます。しかしこの記号、よく考えられたもので、形にちゃんと意味があるのです。意味さえつかんでいれば、拒否反応はずっと少なくなります。

そう、暗記事項も意味を理解していれば、ぐんと覚えやすくなるのです。

2 雲形の記号

まず、雲形の記号ですが、基本的に次のことを覚えておきましょう。

半円を描いたもの	⌓	積雲を表す
斜めの線	／	トラフや前線に関係したもの、擾乱（じょうらん）に伴うもの
横線	—	層雲を表す

下層、中層、上層の雲形の記号は、この基本を組み合わせて、さまざまな雲形を表現しているのです。

では、この基本を意識しつつ、雲形を見ていきましょう。

下層雲

まず、下層雲からです。左側の数字は雲形表の順番を表していますが、覚えやすいように順序をバラバラにしています。

1 これは、基本のとおり、ポコッとした形で積雲を表現しています。その中でもあまり発達していない扁平な積雲です。

2 積雲を2つ重ねて、積雲が発達したことを表現しています。並の積雲、または雄大積雲です。

3 上に向かって線を描くことで、さらに発達したことを表しています。無毛積乱雲です。

9 さらに発達した、多毛状の積乱雲。かなとこ状のものです。

6 これは層雲。見たままの形を記号化しています。

7 雲がちぎれている様子を表現しています。ちぎれた層雲、または積雲です。

5 これは、横線の層雲と、半円の積雲を合体させて層積雲を表現しています。ただし、積雲が広がってできたものではありません。

4 一方、こちらは、積雲が広がってできた層積雲です。5と区別するために、5の層積雲の上に、ポコッと半円を描いて、「もともとは積雲でしたよ」と表現しているのです。日中発達した積雲が弱まってできた層積雲です。

8 これは、積雲と層積雲が共存していることを表しています。

どうですか？　意味を理解するだけで、うんと覚えやすくなると思いませんか？

中層雲

続いて、中層雲です。

先ほど、半円で積雲を表現することをお教えしました。ここでもう一つ、円の下半分が描いてある場合は、基本的には、中層の積雲タイプであることを覚えておきましょう。中層や上層の雲形を覚える際は、下の図のような、温暖前線が接近してくる場合の雲の変化をイメージすると、すんなりと頭に入ると思います。

▼雲の変化

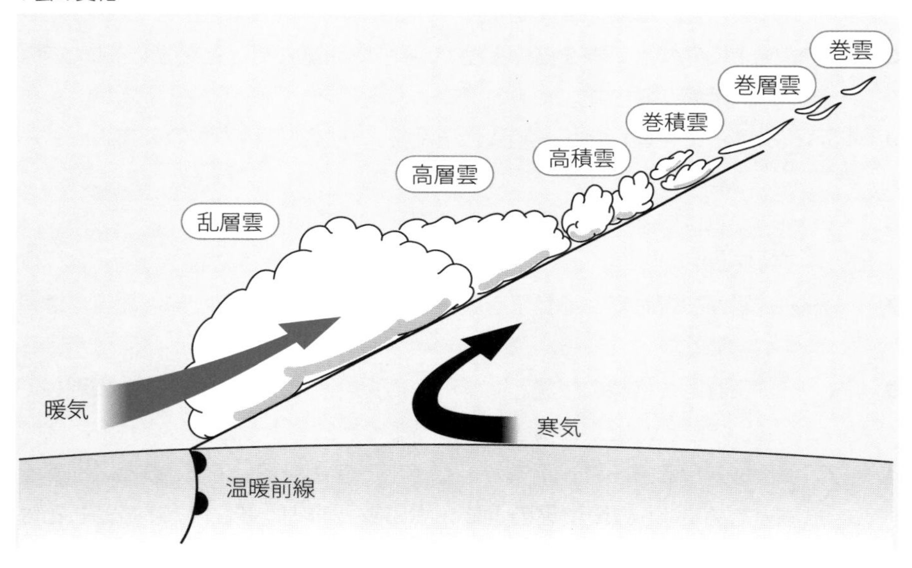

まず、上層の巻雲や巻層雲などが近づいてきて、その後、雲が増え、空には中層の高積雲が広がります。

4　斜め線は擾乱に伴うことを、下半円は中層の積雲であることを表しています。ですからこれは、高積雲です。全天を覆う傾向のない半透明の高積雲です。

5　下半円を2つ描くことで、雲が次第に広がって厚くなってくることを示しています。半透明または不透明の高積雲です。

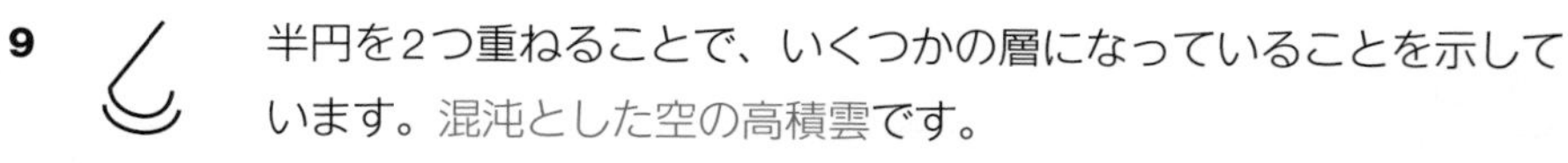

9　半円を2つ重ねることで、いくつかの層になっていることを示しています。混沌とした空の高積雲です。

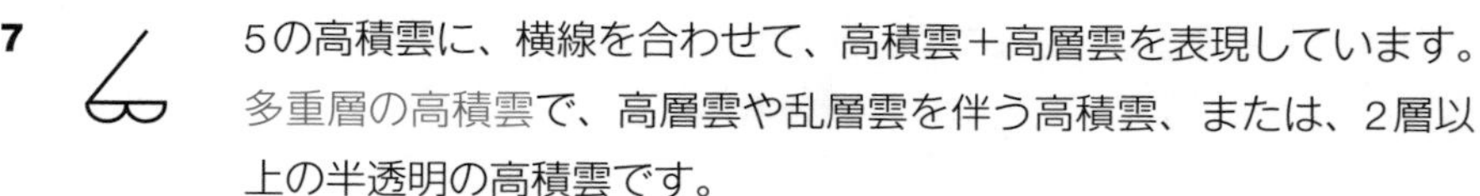

7　5の高積雲に、横線を合わせて、高積雲＋高層雲を表現しています。多重層の高積雲で、高層雲や乱層雲を伴う高積雲、または、2層以上の半透明の高積雲です。

さぁ、前線の接近により、雲は次第に厚みを増して、空は高層雲や乱層雲に覆われます。

1　斜め線によって擾乱に伴う雲であることを表現し、横線は層状の雲を表現しています。前線が近づく際に広がる中層の層状の雲は、高層雲ですね。こちらは、まだ厚みがなく半透明な高層雲です。

2　斜め線を2本重ねることで、濃くなることを表現しています。不透明な高層雲、乱層雲です。

前線接近をイメージすると、この雲形も、うまく考えられているなぁと思いませんか？　丸暗記は難しくても理解できれば簡単、簡単！　時間を追って描いてみましょう。

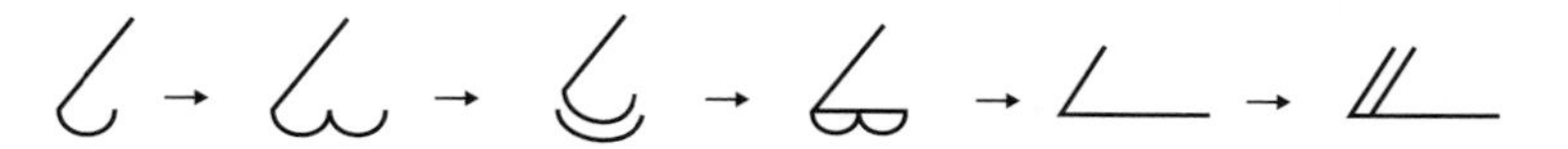

と、こんな具合ですかね。

では、残りの、前線に関係するものではない中層雲も覚えておきましょう。

3　下半円は高積雲でしたね。2つ横にならべて1層であることを表現しています。半透明の高積雲です。

6　高積雲の下に、積雲の半円がありますね。下の半円は、発達した積雲が衰えて、頭のてっぺんだけが残った状態を表現しています。積雲、または乱層雲が広がってできた高積雲です。

8　2つの縦線は塔を表現しています。塔状の高積雲です。

上層雲

最後に上層雲です。ここでも、前線が近づく際をイメージして、記号を見ていきましょう。クルンとした線は巻雲を表します。

4 斜め線の前線に、クルンがプラスされたこの雲は、かぎ状の巻雲、または毛状の巻雲です。擾乱に伴うので、次第に雲に広がって厚くなります。

6 巻雲と巻層雲、または巻層雲のみ。次第に空に広がり厚くなって、地平線45°以上を超えていることを表しています。

9 巻雲に積雲をプラスして、巻積雲を表現しています。

ここでは、「記号の右側を観測点とする」という約束も覚えましょう。記号表現の大切な基本ルールです。記号の右側を自分が立っている場所、つまり観測点と考えて記号を見ていきましょう。右側に線がのびていれば、広がる傾向、右に止めがきていれば、広がる傾向がないことを表しています。

1 刷毛で描いたような形をそのまま描いて、巻雲を表しています。右側にクルンを描くことで、広がる傾向がないことを表現しています。

2 クルンを2つ重ねて、濃密な巻雲を表しています。こちらも空に広がる傾向はありません。

少し間違えやすいのですが、巻雲の場合は、刷毛で描いたような形を模写しているだけなので、この横線は層雲を表現しているものではありません。1や2のように「線」と「クルン」が滑らかにつながっているのが「巻雲」です。

8 一方、こちらの形が、層雲と巻雲を合わせて表現した形になります。巻層雲です。右側にクルンを描いて、これ以上広がる傾向がないことを表しています。

5 ）＿＿ 反対に、左側にクルンを描き、右側の観測点に線をのばすことで、次第に空に広がり厚くなる巻層雲を表現しています。

7 ）＿（ クルンを両側に描くことで、巻層雲が全天を覆っていることを表しています。

最後に、1つだけクルンが下についている形があります。

3 ＿＿） 積乱雲からできた巻雲です。

「クルン」と「線」が滑らかにつながっているのは巻雲でしたね。下に向けてあるのは、かなとこ雲のような積乱雲からできたものであることを区別して表現しているからです。

こうした記号には、100年近い歴史があるのだそうです。単なるマークとしてとらえると記憶しにくい記号ですが、もともとは人間が作り出したもの。区別しやすいように試行錯誤して簡潔にした形なのです。ですから、意味を「理解」すれば、もうこっちのもの!! ぐんと記憶しやすくなりますね。

3 現在天気

さあ、続いては現在天気です。前の「雲形の記号」のところで、ルールとして「右側を観測点とする」と述べましたが、これは、現在天気の場合も同じです。

たとえば20番台の記号には、右側に ］ のようなカギかっこがついているのですが、これは、観測点の前で止（や）んでいることを表現していて、「現在は止んでいる」ことを示しているのです。

21 ●］ 前1時間内に雨が降ったが、現在は止んでいる状態

40番台の霧の記号も、この右側が観測点というルールのもとに、

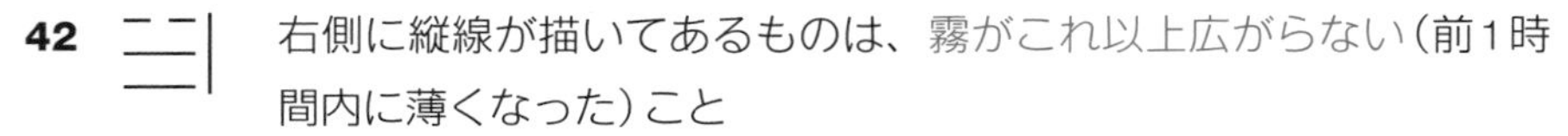
42 右側に縦線が描いてあるものは、霧がこれ以上広がらない(前1時間内に薄くなった)こと

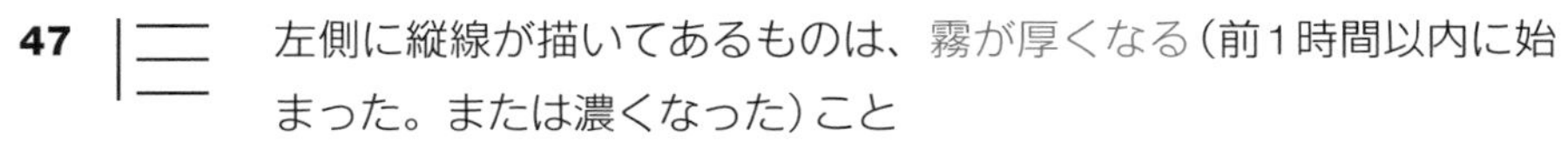
47 左側に縦線が描いてあるものは、霧が厚くなる(前1時間以内に始まった。または濃くなった)こと

を表現しています。ちなみに縦線がないものは、前1時間内に変化がないことを表しています。

そのほか、霧雨や雨、雪の記号などは、基本的に「線や記号が多くなるほど強くなる」ことを覚えておきましょう。

こちらにもルールがあって、横に並んでいるのが「連続(止み間がない)」を、縦に並んでいるのが「断続(止み間がある)」を表しています。

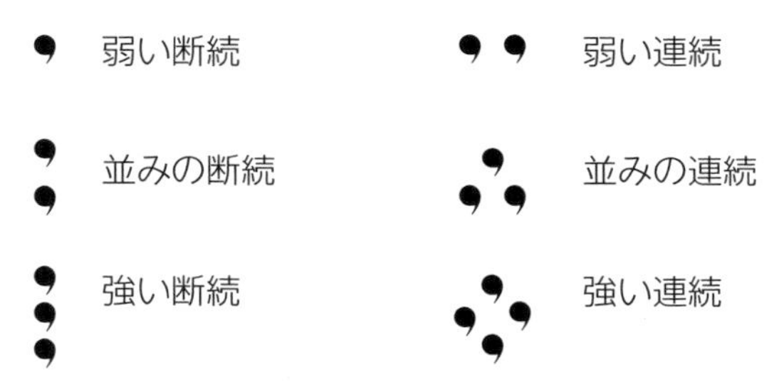

と、なるわけです。

主な基本事項だけをさらりと見てきましたが、やはり相当な量にはなります。基本事項である多くの記号を暗記することは基礎知識としても必須ですが、こうして意味を理解することによって、すでにかなりの記号を覚えられたのではないでしょうか。

支援資料に接するときには、知らない記号に出会うたびに少し立ち止まり、記号表などでその意味を確認することを習慣にし、知識を増やしていきましょう。

最初から完璧に、すべてを詰め込む必要はありません。記号の意味さえ理解していれば、あとは繰り返し接しているうちに自然に頭に入ってくると思いますよ。

4 天気予報文を作成する

よく耳にする「天気予報文」。自分で書けるようになりましょう。

天気予報と一口にいっても、長期予報に週間天気予報、季節予報などさまざまな予報がありますが、ここでは、短期予報に限っての天気予報について考えます。

気象予報士試験でも、短期予報の予報文作成は定番問題です。

まず、過去問題の解答例を参考に、その表現方法を見てみましょう。

▼過去問題の解答例

今日　南西の風　やや強く　雨
明日　北東の風　のち　北西の風　雨　昼ごろから　晴れ
（平成14年度　第2回実技試験2　問3）

四国地方　北の風やや強く　曇りのち晴れ
関東地方　東のち北の風　次第に強く　雨
（平成15年度　第1回実技試験2　問2）

東京　北のち西の風　強く　晴れ
名古屋　北西の風　強く　雪
（平成15年度　第2回実技試験1　問4）

加賀地方　15日6時から21時まで
曇り　所により雨　夜のはじめ頃雷を伴う
加賀地方　16日0時から9時まで
雨　所により雷を伴い激しく降る（雨で激しく降り、所により雷を伴う）
※加賀地方は石川県の一時細分区域
（令和3年度　第2回実技試験1　問3）

どうですか？　予報文には、一定のルールがあるのがおわかりですね。テレビなどでもよく耳にするでしょうから、表現のパターンには自然と馴染んでいると

思います。基本的な表現方法には、作成ルールがあるのです。

天気予報文の表現方法を知る

まず、表現には順序があります。天気予報文は、予報期間内の次の順番で記述します。

①風向　②風の強さ　③天気

①風向

風向は、平均的な風向を8方位で表します。通常の観測での風向は、風の吹いてくる方向を北、北北東、北東……というように16方位で測定しますが、予報の場合は、そこまで細かく予測できませんから、8方位です。

②風の強さ

風の強さは「やや強い」以上の風の場合に表現します。

- 10m/s以上15m/s未満の風は「やや強く」
- 15m/s以上20m/s未満の風は「強く」
- 20m/s以上の風は「非常に強く」

③天気

天気は、晴れ、曇り、雨、雪などで表現しますが、そのなかでも降水現象を重視します。予報期間内の変化は「のち」(例:晴れのち曇り)を使用したり、時間帯(晴れ、昼過ぎ曇り)で表したりします。快晴や雨天、曇天などの表現は使いません。注意しましょう。

天気予報等で用いる擁護の定義を確認する

また、天気予報に使われる言葉には、それぞれ定義があります。「晴れのち曇り」と「晴れ一時曇り」の違いがわかりますか?　「のち」は、「予報期間の前と後で現象が異なるとき」に用います。ですから「晴れのち曇り」は、予報した期間の前半が晴れで、後半が曇りのとき。一方、「一時」は、「現象が連続的に起こり、その現象の発現期間が予報期間の4分の1未満のとき」に用います。「晴れ一時曇り」は、予報した期間の4分の1未満が曇りのときです。ちなみに、「時々」は、「現象が断続的に起こり、その現象の合計時間が予報期間の2分の1未満のとき」です。「晴れ時々曇り」は、曇りの合計時間が予報した期間の2分の1未満のときとなります。また、「夜のはじめ頃」「日中」などといった言葉にも定義があるので、正確に覚えておきましょう。

● 1日の時間の細分図
https://www.jma.go.jp/jma/kishou/know/yougo_hp/saibun.html

天気予報で用いる用語については、気象庁のホームページにも載っています。確認しておいてください。

●気象庁ホーム＞知識・解説＞天気予報等で用いる用語
https://www.jma.go.jp/jma/kishou/know/yougo_hp/mokuji.html

▼1日の時間細分図（府県天気予報の場合）

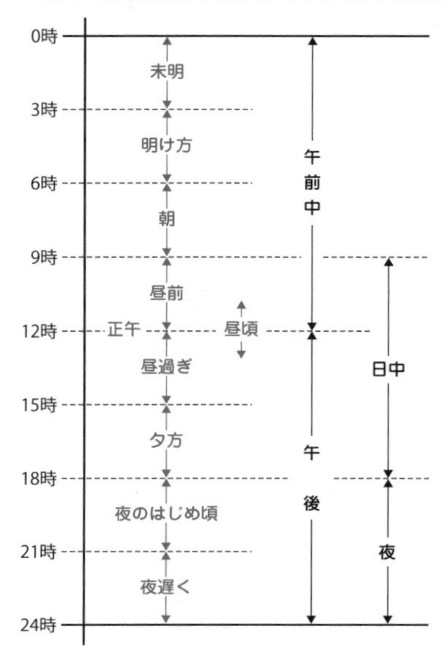

出典：気象庁HP

主な予報用語をチェックしておこう

気象庁が定めている予報用語は、情報の受け手に正確に伝わるように、誰にでも理解できるように、音声にしても聞き取りやすいように、また社会一般の言語感覚と遊離しないように……などといった観点から決められています。各種の予報・注意報・警報・気象情報などに用いる「予報用語」と、解説に用いる用語、使用を控える用語などに区別してありますから、主なものについて確認しておきましょう。

それぞれの用語の使い方の例や、使用する際の注意事項なども書かれているので、目を通しておいてください。耳に馴染みがある言葉と、実際の予報に使われている言葉に開きがある場合もあります。しっかりチェックしておきましょう。

5 予報をしてみよう

では、実際に、「風」と「天気の判断」について、予報をしてみましょう。

具体的な地域の予報に入る前に、実況や大きな場の流れを把握しておくことが大前提になります。低気圧の中心気圧や、進路、前線の位置などを把握しておきましょう。

「風」の予報

以上をしっかり把握したうえで、まず、「風」です。

風向は、等圧線の走行から予想します。地上風は、摩擦のため等圧線の走行に対して約30度の角度で吹くとみなし、8方位で表現します。地上風は地形などによっても変わってきますが、基本的には等圧線の走行から判断します。

風の強さは、陸上の風速が20～30ノットで「やや強い風」、30～40ノットで「強い風」、40ノット以上で「非常に強い風」とします(前の天気予報文では、風の強さはm/s単位でしたが、天気図に記入されている矢羽はノット単位です)。

地上天気図から風の強さを読み取ることができない場合は、850hPaの天気図を利用し、地上では850hPaの約半分の風が吹いていると考えて風の強さを判断します(海上では850hPa面の風の7割くらいの風が吹いていると考えます)。また、対流が激しい場合は、地上の風も強くなるため、地上でも850hPa面の風の7割ぐらいの風が吹くこともあります。

天気の判断

「天気の判断」は、主に700hPaの湿数予想や、700hPa鉛直p速度、地上予想天気図の前12時間積算降水量などの予想資料をもとに行います。

湿数3℃未満は、「曇り」か「降水あり」と判断します。ただし、湿数が小さくてもそれだけでは降水があるかどうかの判断はできないため、降水の有無に関しては、予想対象時刻の地上予想天気図の前12時間積算降水量に着目します。ここで、降水量が予想されていなければ「曇り」と考えます。

また、鉛直p速度も天気判断の参考になる場合があります。大まかな目安ですが、次のように判断します。

- **湿数3℃未満 かつ 上昇流 であれば「降水あり」**
- **湿数3℃以上6℃未満 であれば「降水なし」上昇流があれば「曇り」**
- **湿数6℃以上 であれば「晴れ」**
- **湿数10℃以上 は「快晴」**

そして「降水あり」と判断した場合は、雨か雪かの判断が必要になります。

雨か雪かの判断は、850hPa面での気温を参考にします。850hPa面での気温が－6℃以下であれば、降水が雪になると考えます。また、地上の気温を参考にする場合は、地上での気温が＋2～3℃を下回ると雪になると判断します(実際は湿度も大きく影響するため、判断はもっと複雑ですが)。

雨か雪かの判断は、非常に重要です。なぜなら、大まかに降水1mmは降雪1cmに相当すると考えると、降水が雨であればたいした量ではない場合でも、雪になると防災上注意が必要になる場合もあるからです。

メモしながら、自分なりに天気予報してみよう

実際には、天気判断は公式のように単純に判断できるものではなく、気象会社の予測の現場では、さまざまな資料や風の収束を参考にしたりして、もっと複雑

な方法で予測を立てています。

風向が海上からである場合に曇り空が予想されたり、地形的な影響を受けて降水が予想されたりすることもあります。もちろん、天気判断の前に、大きな場の変化をつかんでおくことが大前提となりますから、「低気圧の中心に近いから」「前線が通過するから」「上空に寒気が入り、大気の状態が不安定になるから」などの理由で、降水を予想することももちろんあります。

私の場合は、これまで説明したことを簡単にメモしながら、天気判断をしていました。ある地点の予想を立てる場合、「湿数」「上昇流か下降流か」「降水域が予想されているか」「雨か雪か」をさっとメモしていくのです。

たとえば「18、下、なし」というメモの場合、「湿数が18、下降流、降水域が予想されていない」という内容になり、予想は「晴れ」となります。反対に、「3、上、あり」とあれば、「降水あり」となり、あとは気温により雨雪の判断をします。

もっと複雑なことも多くあります。「3→6、上、あり→なし、0」というメモの場合は、「湿数3℃から次第に6℃、上昇流域、降水ありから次第になしへ、850hPaの気温は0℃」という内容になります。この場合の天気判断は、次第に乾燥域が近づいてくることと、次第に降水域から抜けてくること、雨雪判断から雨であることなどを考慮して、「雨のち曇り」とします。

メモなどは、自分にとってわかりやすい方法でかまいませんし、こうしたメモに「前線通過」「北東気流で低温」「山越え気流で乾燥」など、必要なことを加えていけばよいのです。

自分なりのやり方で、自分の住んでいる場所などの天気予報をすることを習慣にしてみましょう。そうすると、予想に対し実際はどうであったのか、必ず検証することができますから、天気判断の力がついてきます。練習を繰り返し、感覚を養っておきましょう。

6 地理の知識をつけよう

みなさんは、都道府県名とその場所をすべて正確に覚えていますか？

気象予報士試験では、地名や県名を問われることもあり、地理的な知識は「常識」として扱われます。都道府県名だけでなく、日本とその周辺の地域名、海域名、主な観測地点の地名などは、常識として知っておきましょう。

穴埋め問題などで、観測地点から、天気や気温などの読み取りが必要になることがあります。このような場合、観測地点の場所をしっかりと把握しておかなければいけません。いくら、天気記号を暗記していたとしても、たとえば、「稚内（わっかない）」の天気の読み取りを求められる問題で、うっかりと「稚内」と「釧路（くしろ）」の場所を間違えてしまっては元も子もありません。問題文の中で指定されている地名の位置を正確に知っていなければいけないのです。

地図帳片手に勉強しよう

とはいえ、気象の世界では、観測点をはじめ、よく用いられる地名、海域名などがありますので、過去問題などで頻繁に出てくるものに関しては、その位置を正確に覚えることを習慣にしましょう。できれば、常に地図帳を片手に勉強し、頻繁に出てくる地名、海域などを繰り返し地図で確認してください。この繰り返しで、地理に関する知識を地道に増やしていきましょう。

恥ずかしながら、地理を正確に把握できていなかった私は、小学生用のドラえもん学習シリーズ漫画に助けられました。今は廃盤となりましたが『ドラえもんの社会科おもしろ攻略 白地図レッスンノート』（小学館刊）です。

日本の形をなぞることから始まるこの本で、日本列島の海岸線の特徴をつかんだり、全都道府県の名前と位置と形を覚えたりしました。なにせ、小学生用の本ですから、繰り返し、繰り返し覚えられるように構成されていて、楽しく効率よく覚えられました。主な半島、湾、平野なども暗記できるようになっており、日本の断面図を知ることもできました。その断面図のページでは、日本列島を何箇所か、日本海側から太平洋側にかけて切った場合の断面が書かれているのですが、たとえば、新潟から関東にかけての断面図では、日本海から2,454mの妙高山、関東平野にかけての山の起伏が描かれていたのです。

よく出てくる地域の地形の特徴を知っておこう

気象の世界では、風が山を越える場合、山岳の風上側と風下側で天気が異なることはよくあることですが、断面図をだいたい頭に入れておくことで、山を昇る風、山から吹き降りる風をイメージしやすくなりますね。気象予測を行う場合には、都道府県名などの地理の常識、暗記事項だけではなく、こうした地方の地形の特徴を知っておくことも、非常に大切です。

日本の気候は、山脈や平野・盆地、岬や湾、潮の流れなど、さまざまな条件が複雑に絡み合っていて、ここは盆地だから空気が溜まりやすいとか、ここはフェーン現象が起きやすいとか、その土地特有の特徴があります。

また、断面図といえば、気象の世界では、「脊梁山脈（せきりょうさんみゃく）」という表現をよく用います。脊梁山脈とは、背骨のように日本列島を縦断している山脈のことで、奥羽山脈、越後山脈、飛騨山脈などの総称です。この日本の背骨、脊梁山脈を境に、日本海側と太平洋側の気候は異なった特徴を示しています。日照時間、降水量などにも大きな影響を与えています。このような、キーワードとして頻繁に登場する言葉もしっかりと把握しておきましょう。

試験によく出る地名と地域名

次ページに、地名と地域名を紹介します。主なものは覚えておいてください。最近では、スマートフォンのアプリなども優秀ですし、インターネット上にもさまざまなサイトがあります。たとえば、地理院地図のホームページでは、地図上で始点と終点をセットすれば断面図が見られたり、グーグルマップなども3D表示ができたりしますね。試験に役に立ちそうなサイトやアプリを探してみるのも、効果的かもしれません。

▼試験によく出る主な地名と地域名

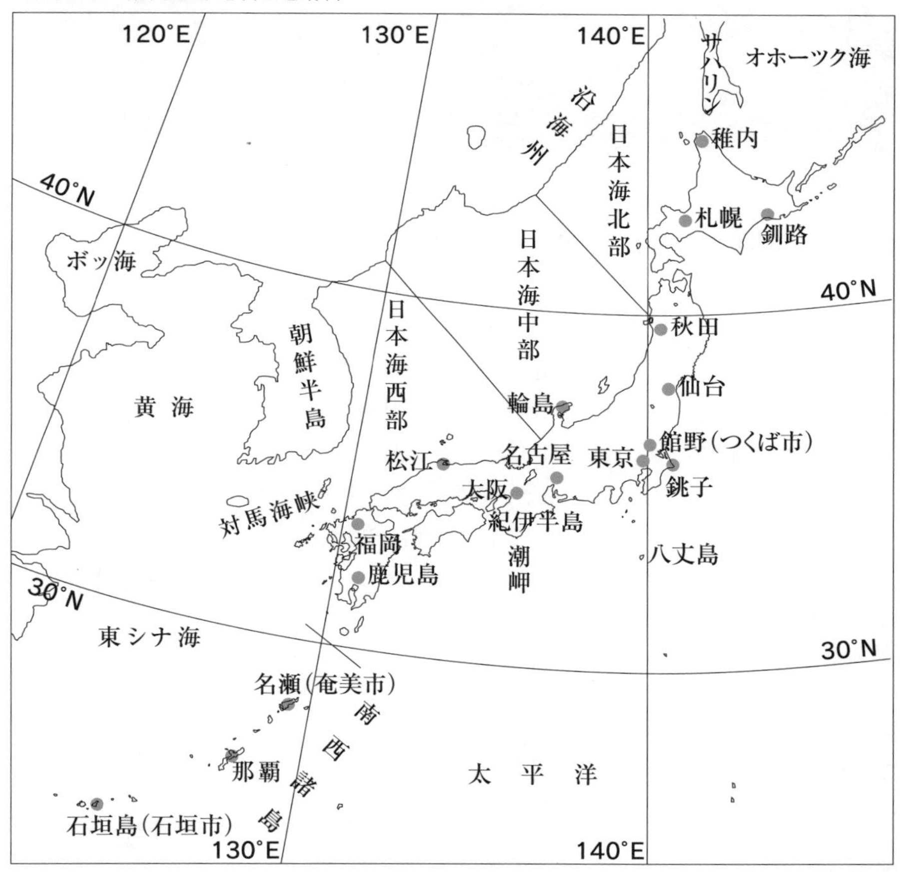

参考：気象庁HPより作成

5-2 現象別に理解を深めよう！

1 理解のコツは「ズームイン」

日本付近によく現れる気圧配置の型を現象別に理解しましょう。

気象予報士実技試験では、主となるテーマが決まっていて、主テーマから枝分かれするように設問が展開されます。問題全体を通してのストーリーが存在するのです。最も出題頻度が高いのは「温帯低気圧」ですが、そのほか、台風、梅雨型、西高東低型、南岸低気圧型……などがあります。テーマとしてはさまざまですが、その数は多くはありません。試験問題の資料予想図にパラパラと目を通した時点で、「あ、テーマは西高東低の冬型だ」とピン！　とくるレベルまで各現象別に整理し理解を深めておきましょう。

理解を深める際には、徐々に「ズームイン」して整理すると、理解しやすくなるのでおすすめです。

いろいろな視点から気象現象を理解する

テレビカメラが情報を伝えようとするときに、まず高い位置から全体像を写し、俯瞰（ふかん）から徐々にアップにしていくことがありますね。これは、映像を全体像からズームインしていくほうが、視聴者には理解しやすいからです。それと同じように、各現象の大きな場から、徐々にズームインするように理解するのです。また、「映像」または「絵」や「図」で理解していくと、情報を整理しやすく、現象別にどのような構造になっているのか、どのような特徴があるのかがわかります。

まず、北半球はどのような場になっているのかを理解し、そこからズームイン。日本とその周辺海域や気団の関係などをつかみ、さらに局地へズームイン。現象別の特徴的なポイントについて、断面はどうなっているか、時間の経過とともにどう変化するかなど、いろいろな視点から構造を理解していくのです。天気図を眺めるように、上から見た場合の特徴、エマグラムや高層断面図のように横から見たときの特徴、3次元ではどのような構造になっているかなど、常に「立体的」に、さまざまな角度と視点から理解していきましょう。

多くの知識を持っていても、その知識を箇条書きのように覚えていては、うまく引き出せなかったり、忘れてしまったりするものです。ですから、画像、イメージで、現象別に構造や特徴を理解していくのです。構造をうまく整理し、理解できていれば、多少問題の出し方に変化があったとしても、各現象のどの構造や特徴について問われているのか、ピンとくるようになりますから、新しい問題に対しても落ち着いて取り組めるようになるでしょう。

同じポイントが繰り返し問われる

それぞれのテーマには、問われるポイントがあります。

たとえば、冬型であれば、シベリア高気圧の成因やシベリア高気圧から吹き出す北西風の日本海での気団変質、里雪型と山雪型の違いと要因、日本海側と太平洋側の天気の違いと要因、防災上警戒すべき事柄……などです。

試験では、その各現象の特徴的なポイントをどのようにして問うか工夫がなされており、バリエーションがあるだけで、問いかけをしているポイントは同じ場合が多いのです。

「過去問題が最良の参考書」とよくいわれますし、私も同感ですが、過去問題を暗記するだけで新たな試験問題をクリアできるものではありません。理解していてこそ、応用が利くのです。現象別の理解を確実なものにし、学科的な知識を深めておけば、新たに出会う試験問題でどのような角度から問われていても、「あぁ、あのポイントを答えさせようとしているのだ」と瞬時にひらめくようになるのです。

そのために、疑問が生じた場合などは、納得のいくまで徹底して理解する必要があります。試験のときに臨機応変に対応できる力を養うには、現象別の理解が不可欠なのです。

2 現象別理解のためのポイント

ここでは、現象ごとのポイントを簡単にまとめておきます。重要な用語やポイントになるところを穴埋め形式の問題にしています。理解度のチェックに役立ててください。

温帯低気圧

- 温帯低気圧は、① ＿＿＿＿ によって発生・発達する擾乱である。
- 太陽放射により大気は低緯度側で高温、高緯度側で低温となっている。この南北の温度傾度により、② ＿＿＿＿ の関係から上層ほど西風が強くなっており、この温度傾度が大きくなり偏西風の ③ ＿＿＿＿ がある限界を超えると、傾圧不安定波が発達する。この傾圧不安定波は、数千kmの波長を持つ。
- 低気圧の発達段階では、上層の気圧の谷は地上の低気圧の ④ ＿＿＿＿ に位置している。
- 低気圧の前面は、相対的に暖域、上昇流域となり、⑤ ＿＿＿＿ 移流が見られる。低気圧の後面は相対的に寒気域で、下降流であり、⑥ ＿＿＿＿ 移流が見られる。
- このような構造から、低気圧を含む広い範囲で ⑦ ＿＿＿＿ から ⑧ ＿＿＿＿ への変換が起こり、低気圧は発達する。
- 低気圧の発生段階では、低気圧に伴う雲域は次第にまとまり、北側が高気圧性の曲率をもって膨らむ ⑨ ＿＿＿＿ が見られるようになる。発達期に入ると、この ⑨ ＿＿＿＿ の高気圧性の曲率は増し、低気圧の後面に雲の少ない領域（⑩ ＿＿＿＿）が見られるようになる。また、低気圧に伴う雲域の西端で、変曲点（⑪ ＿＿＿＿）が見られるようになり、地上低気圧の中心はこの近くにある。
- 低気圧が閉塞過程に入ると、気圧の谷は地上低気圧の ⑫ ＿＿＿＿ に位置するようになる。
- 低気圧の発達段階では低気圧の中心はジェット気流の ⑬ ＿＿＿＿ 側に位置し、閉塞段階では低気圧の中心はジェット気流の ⑭ ＿＿＿＿ 側に位置するようになる。

● 2つの気団の境界には前線が存在する。温暖前線は暖気が寒気の上にはい上がりながら進む。寒冷前線は、寒気が暖気の下にもぐり込むようにしながら進む。寒冷前線が温暖前線に追いつくと ⑮＿＿＿＿＿＿ 前線となる。

温帯低気圧の答え

①傾圧不安定　②温度風　③鉛直シアー　④西　⑤暖気　⑥寒気
⑦位置エネルギー　⑧運動エネルギー　⑨バルジ　⑩ドライスロット
⑪フック　⑫真上　⑬南　⑭北　⑮閉塞

台風

● 熱帯低気圧で最大風速が ①＿＿＿＿＿＿ m/s以上のものを台風という。

● 南北緯度5度ぐらいは、②＿＿＿＿＿＿ が弱く、熱帯低気圧は発生しない。

● 台風は渦がある程度強まると、水平収束の増大→ 水蒸気流入量増大→ ③＿＿＿＿＿＿ の放出・過熱促進→中心部の気圧降下→水平収束の増大という過程を繰り返し、急速に発達する。台風の水平収束により運ばれる水蒸気が積雲対流群を強め、一方、積雲対流群は凝結の ③＿＿＿＿＿＿ を放出して渦を強める。このような、相互作用によってお互いを強め合う機構をCISK（シスク：第2種条件付不安定）という。

● 台風のエネルギー源は暖かい海面から供給された水蒸気が凝結する際に放出する潜熱である。台風は海面水温が ④＿＿＿＿＿＿ ℃以上の海上を進むと発達する。

● 台風は巨大な渦であり、下層では ⑤＿＿＿＿＿＿ 回りで水平収束し、上層では ⑥＿＿＿＿＿＿ 回りで水平発散している。気温がほぼ一様な大気中で発生する渦であるため、⑦＿＿＿＿＿＿ は伴わない。等圧線の形状もほぼ、⑧＿＿＿＿＿＿ である。中心の軸はほぼ垂直。

● 台風の中心のごく近傍は ⑨＿＿＿＿＿＿ と呼ばれ、比較的風の弱い領域となっているが、その周辺は最も風の強い領域となっている。進行方向に向かって右側では、台風自身の風に、台風の移動速度が加わるため、左側に比べて風が強くなっていることが多い。

- 台風の中心付近には ⑩＿＿＿＿ がある。これは、暖湿な気流が上昇し水蒸気が凝結する際の ③＿＿＿＿ の放出と、眼の中の下降流に伴う ⑪＿＿＿＿ によるものである。
- 雲画像では、中心付近の台風の ⑨＿＿＿＿ の周りを ⑫＿＿＿＿ が取り囲み、さらに外側には ⑬＿＿＿＿ が中心に向かってらせん状にのびている。
- 台風の中心の進行方向右側では、時間の経過とともに風向が ⑥＿＿＿＿ 回りに変化し、左側では、風向は ⑤＿＿＿＿ 回りに変化する。

台風の答え

①17.2　②コリオリカ　③潜熱　④26.5　⑤反時計　⑥時計　⑦前線
⑧同心円状　⑨眼　⑩暖気核　⑪断熱圧縮昇温　⑫眼の壁雲　⑬スパイラルバンド

梅雨前線

- 梅雨期には、幅がおよそ ①＿＿＿＿ kmにおよぶ帯状の雲域が中国南部や中部から東シナ海を経て、日本列島を覆う。この帯状の雲域は、②＿＿＿＿ 前線に対応する。
- 梅雨前線は、水平温度傾度よりも水平 ③＿＿＿＿ 傾度が大きい特徴がある。この特徴は梅雨前線の特に西側で顕著。このため、温度場ではなく、④＿＿＿＿ の場でみると、等値線の集中帯として前線を把握できることが多い。水平水蒸気傾度が大きくなるのは、湿潤なモンスーンの流入や、暖湿な太平洋高気圧の縁辺流により、前線の南側に水蒸気が豊富に輸送されるためである。
- 梅雨前線の東側には冷湿な ⑤＿＿＿＿ 高気圧と、暖湿な ⑥＿＿＿＿ 高気圧があり、この境目に前線ができる場合は、東側は水平 ⑦＿＿＿＿ 傾度の大きい顕著な前線となる。
- 梅雨前線の南側で、対流圏下層に強い西南西の風が観測されることがあり、これを ⑧＿＿＿＿ と呼んでいる。また、梅雨前線の南側に湿潤域が舌状にのびていることがあり、これを ⑨＿＿＿＿ と呼んでいる。ともに、⑩＿＿＿＿ をもたらす。

- 下層ジェットは、活発な対流によって、上下の空気が攪拌され、上層の強い風が下層に下りてきて、⑪＿＿＿＿が小さくなった状態が現れているものである。
- 梅雨前線上では、継続的に水蒸気が流入、⑫＿＿＿＿、上昇し、対流が活発となる。このため、潜熱の放出により、しばしばメソαスケールの小低気圧が発生し、これに伴う積乱雲群（⑬＿＿＿＿）が梅雨前線上を次々に通過し、集中豪雨をもたらす。
- 大雨による、⑭＿＿＿＿、⑮＿＿＿＿などの土砂災害に注意が必要。こうした土砂災害は、短時間強雨の前に⑯＿＿＿＿があると発生しやすい。このほか、河川の増水、氾濫、低地の浸水などにも警戒が必要。
- 豪雨の予測には、湿潤な気流の流入と、上昇流が重要であり、下層の⑫＿＿＿＿や地形の影響に注意が必要である。また、多量の水蒸気が流入するところが、寒冷渦の南東象限になっていると、⑰＿＿＿＿が悪くなり豪雨が発生しやすい。

梅雨前線の答え

①数百　②梅雨　③水蒸気　④相当温位　⑤オホーツク海　⑥太平洋　⑦温度
⑧下層ジェット　⑨湿舌　⑩大雨　⑪鉛直シアー　⑫収束　⑬クラウドクラスター
⑭がけ崩れ　⑮山崩れ（⑭、⑮順不同）　⑯先行降雨　⑰鉛直安定度

寒冷渦

- 対流圏中・下層の①＿＿＿＿波動の振幅が増し（ジェット気流の蛇行）、元の流れから切り離されて渦ができる。この渦を寒冷渦、寒冷低気圧、切離低気圧などと呼ぶ。
- これらの表現は、温度場＋風から判断する場合は②＿＿＿＿（中心ほど低温であることと、低気圧性循環＝渦の流れが読み取れるため）、高度場＋温度場から判断する場合は③＿＿＿＿（等高線から低気圧であることと寒気が孤立していることが読み取れるため）、高度場＋風から判断する場合は④＿＿＿＿（切り離された低気圧であることが読み取れるため）とする。

- 低気圧としては地上よりも ⑤ ＿＿＿＿＿ で明瞭であり、地上では不明瞭なことが多い。
- 寒冷渦は偏西風帯から切離され、孤立しているため、西から東へ動くとは限らず、移動方向は複雑。また、一般に ⑥ ＿＿＿＿＿ が遅く、停滞することもある。このためシビアな気象現象の発生しやすい時期が長く続き、気象災害を引き起こすことがある。
- 中·上層で気温が低いにもかかわらず、低気圧として明瞭なのは、圏界面がロート状に ⑦ ＿＿＿＿＿ おり、その上空では気温が周囲より高く、密度が小さいため。一方、圏界面より下では、気温は周囲より低く、密度が大きいため、地上では低気圧が明瞭ではなくなる。
- 上空が寒気で覆われているため、寒冷渦の下層の大気が ⑧ ＿＿＿＿＿ ・潜熱の供給を受けると、成層が不安定になり、対流活動が活発になり対流雲が発生しやすい。このため、⑨ ＿＿＿＿＿、⑩ ＿＿＿＿＿、⑪ ＿＿＿＿＿、⑫ ＿＿＿＿＿ などに警戒が必要。
- また、寒冷渦の南～南東側では、寒冷渦内の寒気と周囲の暖気の温度差が大きく、⑬ ＿＿＿＿＿ が大きい。
- 特にこの ⑭ ＿＿＿＿＿ では、下層で暖湿気流の流入が起こりやすく、対流雲が発達しやすい。暖湿流の流入が継続し、ほぼ同じ地域で対流雲の発達が繰り返される場合は、⑮ ＿＿＿＿＿ に警戒が必要。

寒冷渦の答え

①偏西風　②寒冷渦　③寒冷低気圧　④切離低気圧　⑤上層
⑥移動速度　⑦垂れ下がって（沈降して）　⑧顕熱　⑨短時間強雨　⑩落雷　⑪突風
⑫降雹（⑨～⑫順不同）　⑬傾圧性　⑭南東象限　⑮大雨

冬型

- 冬季に大陸の寒冷な高気圧が強まり、また東海上で低気圧が発達して、日本付近の気圧傾度が大きくなる型(西高東低)。等圧線は ①＿＿＿＿＿ の走行となり、縦縞模様になる。
- シベリア気団は、大陸の高気圧内の気層が広範囲にわたって ②＿＿＿＿＿ し、地表面の ③＿＿＿＿＿ 現象によって長期間冷やされ、下層が寒冷で安定した成層の気団として形成されたもの。下層は厚さ1km程度の ④＿＿＿＿＿ となっている。
- 高気圧から吹き出す北西の季節風(寒気の吹き出し)は、日本海で ⑤＿＿＿＿＿ と ⑥＿＿＿＿＿ を供給されて変質する。海面から熱と水蒸気を供給された気層は、成層が不安定となり、対流活動が活発となって、積雲・積乱雲などの対流雲が発達し、日本海側に雪を降らせる。
- 一方、太平洋側では、脊梁山脈を越えて下降流となるため、断熱圧縮昇温により雲は ⑦＿＿＿＿＿ し、乾燥した晴天となる。
- 大陸から吹き出す寒気と海との ⑧＿＿＿＿＿ が大きいほど、また風が強いほど、エネルギーの供給量が多い。また、寒気の吹き出しが強いほど雲の大陸からの離岸距離が短く、寒気の吹き出しが弱いほど離岸距離が長くなる。
- 季節風の吹き出しと山岳の地形効果により、日本海に ⑨＿＿＿＿＿ (JPCZ)が形成されることがある。これが持続すると、収束域で活発な対流が起こり、帯状の発達した対流雲域が生じ、日本海側に大雪をもたらすことがある。
- 日本海側の降雪には、山雪型と、里雪型の2つのパターンがある。等圧線が南北にのびて間隔が狭く(⑩＿＿＿＿＿ が大きく)、季節風が強い場合は、山間部を中心に降雪がある山雪型となる。一方、等圧線が日本海で湾曲し(⑩＿＿＿＿＿ が小さい)、季節風が弱い場合は、日本海の沿岸に雪を降らせる里雪型となることが多い。
- 山雪型の場合、上層の気圧の谷は日本付近か ⑪＿＿＿＿＿ に位置し、上層の寒気の中心は東北や北海道にある。一方、里雪型の場合、上層の気圧の谷は ⑫＿＿＿＿＿ に位置し、上空の寒気の中心は日本海西部にある。

冬型の答え

①南北　②滞留　③放射冷却　④接地逆転層　⑤顕熱　⑥潜熱（⑤、⑥順不同）
⑦消散　⑧温度差　⑨日本海寒帯気団収束帯　⑩気圧傾度　⑪東　⑫日本海

日本海低気圧

- 低気圧が発達しながら日本海を東進または北東進する型で、全国的に大荒れの天気となる。急激に発達するのは、春から初夏に多く、5月に発生した場合は①＿＿＿＿と呼ばれる。
- 「春一番」をもたらす低気圧であり、日本列島の広い範囲で②＿＿＿＿の強風が吹く。これは、低気圧の中心が日本海を通過するため、日本列島の広い範囲が低気圧の③＿＿＿＿に入るためである。
- この南寄りの強風のため、太平洋側では、海上から下層に暖かく湿った空気が流れ込み、山岳により④＿＿＿＿する地域では、対流活動が活発化して対流雲が発達する。このため、⑤＿＿＿＿となることが多い。
- 一方、日本海側では、⑥＿＿＿＿気流となるために、雨や雪は降りにくく、⑦＿＿＿＿が発生しやすい。⑧＿＿＿＿、⑨＿＿＿＿、⑩＿＿＿＿に注意。積雪地帯では、多雨、高温のため、⑪＿＿＿＿、⑫＿＿＿＿に注意が必要で、暴風雨（雪）、気温の急変により遭難事故が起きやすい。
- 関東地方では、下層風が西南西から南西の場合は、中部山岳や関東山脈の風下になるため、⑬＿＿＿＿が発生して、雨が降りにくくなる。下層風が南東から南南西の場合は、暖湿気流が流入し、雨が降りやすくなる。
- 日本海低気圧から南西にのびる⑭＿＿＿＿は、通過時にシビアな気象現象を伴うことが多い。風向の急変、突風、落雷、竜巻、気温の急降下など、防災面での注意が必要。
- 発達した低気圧が接近、通過する沿岸の地域では、⑮＿＿＿＿や⑯＿＿＿＿に警戒が必要。
- 日本海低気圧が東海上に去ったあとは、一転して、西高東低の強い⑰＿＿＿＿

の気圧配置となり、北寄りの強風が吹き、寒の戻りとなる。強風･高波に注意。

日本海低気圧の答え

①メイストーム　②南寄り　③暖域内　④強制上昇　⑤大雨　⑥山終え
⑦フェーン現象　⑧高温　⑨乾燥　⑩火災（⑧〜⑩順不同）　⑪融雪洪水　⑫雪崩
（⑪、⑫順不同）　⑬下降流　⑭寒冷前線　⑮暴風　⑯高波（⑮、⑯順不同）　⑰冬型

南岸低気圧

- 日本の南岸沿いを東北東〜北東進する低気圧で、太平洋側の各地に雨や①＿＿＿＿＿をもたらす。
- 南岸低気圧は、冬から春先にかけて発生することが多いが、この季節の傾圧帯は温度傾度が大きいため、南岸低気圧の発生・発達は急速である場合が多く、②＿＿＿＿＿も速い。
- 南岸低気圧に向かって北から③＿＿＿＿＿が流れ込むため、気温が下降し、雪の降る機会の少ない太平洋側に大雪をもたらすことがある。
- 低気圧の進路が、陸地に接近して通る場合は、低気圧に流入する④＿＿＿＿＿の影響を受けるため、降水は雨になりやすい。一方、低気圧の中心が陸地からやや離れて通る場合には、流入する暖気が弱く、雪になりやすい。統計的な目安だが、関東地方の降雪の場合、低気圧の中心が三宅島の北を通ると雨、南を通ると雪になりやすい。
- おおまかに1mmの降水量は、⑤＿＿＿＿＿の降雪と考える。雨であれば心配のない量の降水量であっても、雪になると大雪となる場合もあるため、降水が雨になるか雪になるかの判断は非常に重要。
- 雨雪判断のおおまかな目安としては、850hPa面での気温が⑥＿＿＿＿＿℃以下、地上での気温が⑦＿＿＿＿＿℃以下であれば雪とする。しかし、実際は大気下層の温度や、⑧＿＿＿＿＿が関係するため、目安の気温より高くても雪になったり、低くても雨になったりすることもある。
- 地上気温が雪の目安よりやや高めでも、⑧＿＿＿＿＿が小さいと雪になりやすい。これは、空気が乾燥していると、降水粒子が落下する際、⑨＿＿＿＿＿・

⑩＿＿＿＿により冷却され雪片が解けにくいからである。

- 湿った重い雪は、⑪＿＿＿＿に注意が必要。山岳では⑫＿＿＿＿に注意。

南岸低気圧の答え

①雪　②移動速度　③寒気　④暖気　⑤1cm　⑥－6　⑦＋3　⑧湿度

⑨蒸発　⑩昇華（⑨、⑩順不同）　⑪着雪　⑫雪崩

北東気流

- 日本の北方に高気圧があり、南方の気圧が低い北高南低型。高気圧の南縁の地域に相対的に冷たい北東気流が流れ込み、①＿＿＿＿と②＿＿＿＿が持続する。
- 北高型の高気圧は移動速度が遅いことが多く、停滞する場合もある。そのため北東気流は日本の東海上で熱と水蒸気の供給を受けて変質をする。しかし、この変質を受ける層は③＿＿＿＿に限られる。
- オホーツク海に高気圧が停滞した場合、東北地方の太平洋側で層雲など背の低い雲が停滞することがあるが、この雲域は太平洋側に限られる。その理由は、北日本の東海上から流入する冷湿な空気は、ごく下層に限られており、④＿＿＿＿にせき止められ、日本海側に届かないためである。
- 太平洋側の広い範囲で下層雲が広がる場合、気象衛星可視画像に写る雲域は、④＿＿＿＿を越えられないため、⑤＿＿＿＿に沿った形をしている。
- 北東気流型が長期間にわたって持続すると、低温と日照不足により農作物の生育不良をもたらす。また、霧が発生し視界不良になることで、⑥＿＿＿＿を引き起こすこともある。
- 東北地方に冷害をもたらす「⑦＿＿＿＿」は、北東気流の代表格。

北東気流の答え

①曇天　②低温（①、②順不同）　③下層　④脊梁山脈　⑤地形　⑥交通障害

⑦やませ

5-3 用具を使いこなそう

さて、気象予報士試験では、限られた時間で大量の問題を解かなければなりません。少しでも現象を把握するスピードをアップしたり、効率よく解答を導くために、道具なども普段から使いなれておきましょう。

1 解析で活用、トレーシングペーパー

まず、トレーシングペーパーに注目します。トレーシングペーパーとは、薄い半透明の紙で「写し絵」を書くときなどにも使われる紙です。実技試験には、必ずこの紙がついてくるのですが、意外とうまく活用できないという声を、よく耳にします。

このトレーシングペーパーは、同じ時刻の高度の異なる天気図から擾乱(じょうらん)の中心位置を写し取って擾乱の立体像を把握したり、異なる時間の天気図から擾乱の中心位置を写し取って擾乱の進行方向と進行速度などを計算したりと、いろいろな解析で活用することができます。

特に、近年の気象予報士試験では、トレーシングペーパーを使用する問題が増えているように思います。普段から使い慣れておきましょう。

まず、トレーシングペーパーを使うときに気をつけたいのは、書き写す際にズレが生じないようにすることです。写し取りたい資料図の上にトレーシングペーパーを置いたら、緯度線と経度線の交わるところを「+」印で4箇所ぐらい、写し取ります。また、それだけでは、次の資料図にトレーシングペーパーを重ね合わせる際に、緯度あるいは経度を10度分間違えてしまうというミスも考えられるので、北海道の沿岸線などをササッと書き写すなど、目安となるものを記入しておくと安心です。

こうすると、資料図同士の縮尺が同じかどうかも、瞬時に確かめることができます。最近の気象予報士試験では、支援資料図と、解答用紙の図の縮尺が同じに

なっていますが、重ね合わせて縮尺が同じであることを一応確かめておきましょう。

具体的な使い方としては、「前線の解析」によく用います。この場合は、大気上層の大きな場を把握してから、次第に下層の小さな場へ視線を移しましょう。「森を見てから木を見る」は、気象予測の基本です。

▼前線の解析の手順

❶300hPaや500hPaのジェット気流や強風軸の位置をつかみます。

低気圧のライフサイクルとジェット気流は密接な関係があるからです。

※低気圧の発生の初期段階は、低気圧の中心はジェット気流の南にあり、その後、低気圧が発達すると次第にジェット気流は低気圧の中心付近の上空に位置するようになり、閉塞過程に入り最盛期を迎える頃には、閉塞点がジェット気流の下に位置するようになります。

❷大きな場の流れをつかんだあと、850hPa面の前線の位置を推定していきます。

850hPa等相当温位線の集中帯の南縁付近や、等温線の集中帯の南縁付近、風向シアーなどに注目しながら前線位置を推定し、トレーシングペーパーに写し取ります。

❸その他の資料にトレーシングペーパーを重ね合わせつつ、前線の位置を決定していきます。

気象衛星の雲画像に重ね合わせて、雲バンドとの位置関係を見たり、地上天気図の等圧線の形状（特に気圧の谷を結んだ線）や地上の風のシアー、降水域などを参考にしながら、地上での前線の位置を決定します。通常、地上の前線は850hPa面での前線の位置より1～2度南に位置していることが多いようです。

ところで、試験の場合は、トレーシングペーパー上の決定した「前線」を、解答用紙に写す必要がありますね。トレーシングペーパーと解答用紙を重ね、デバイダー（次ページ参照）の針で穴を開けて目印をつけたり、トレーシングペーパーの上からボールペンなど硬いもので書くことで、解答用紙に溝をつけたりなど、さまざまな方法があるようです。

私の場合は、まず、トレーシングペーパーに書かれた「線」の裏側を、濃い目の鉛筆でサッと黒く塗りつぶします。次に、トレーシングペーパーを解答用紙の上において、線の上からなぞります。そうすると、解答用紙には、前線が薄く書き写されることになります。簡単にいえば、カーボン紙を手作りするようなものですね。この方法だと、写したい部分の裏側をサッと塗る作業など数秒でできますし、書き写す際のズレを最小限にとどめることができます。

さて、前線解析のほかにも、このトレーシングペーパーは活躍します。過去問題では、台風に伴う降雨域の今後の雨の予想を立てるという問題がありました。降雨域が維持されるものと前提したうえでの出題です。この場合、トレーシングペーパーに降雨域を写し取り、これを台風の予想位置に沿って動かしてみることで答えられる問題でした。

また、低気圧の進行方向を求める問題にも用います。通常、進行方向は、16方位で表現しますが、8方位ではなく16方位で判断するというのは、なかなか難しいものです。トレーシングペーパーを活用すると正確に判断できる場合が多いようです。

実技試験についているトレーシングペーパーは、前線決定、雲の移動方向の把握、擾乱の進路解析など、さまざまな場で活躍しますので、普段から使い慣れておいてください。

2 距離をすばやくデバイダーで測る

「デバイダーって何？　どうやって使うもの？」

デバイダーを使ったことがないまま、気象予報士になられた方も多いかもしれません。しかし、私はこのデバイダーをかなり活用していました。慣れれば便利な道具です。

デバイダーは、主に長さを測る道具で、コンパスに似ています。コンパスと異なるのは、デバイダーの場合、両方の先端が針になっていることです。この針の両先端を使って、すばやく距離を測ることができます。

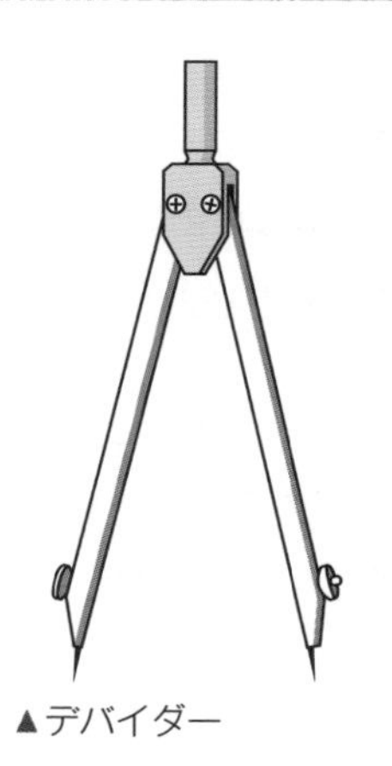

▲デバイダー

温帯低気圧の移動距離を求める

たとえば、温帯低気圧の移動距離をデバイダーで求めるとしましょう。

▼デバイダーで移動距離を求める

❶異なる時刻の温帯低気圧の位置を、トレーシングペーパーに写し取ります。

❷両方の位置に、デバイダーの両先端を広げて合わせます。

❸広げた幅が緯度で何度になるかを見ることで、距離がわかります。

そのままデバイダーを天気図の緯度線にあてて、緯度で何度分にあたるかを読み取ります。緯度1度分の距離は約111kmですから、緯度の何度分かに111を掛ければ、移動距離が求められます。

移動距離をkmではなくて海里で求めたい場合は、緯度1度が60海里であることを利用します。ちなみに1海里は1.852kmの距離になります。

移動速度を求めるときは

もし、移動速度を求めたいのであれば、この移動距離を時間で割れば求められます。移動距離が24時間のものであれば、24で割ればよいのです。移動速度を時速で求めたい場合は、緯度1度分の距離を約111kmとして、そこから求めた移動距離を移動時間で割り、移動速度をノットで求めたい場合は、緯度1度分の距離を60海里として、そこから求めた移動距離を移動時間で割ると計算がスムーズです。1ノットという速度は1時間に1海里進む速度の意味になるため、仮に1時間に30海里進む速度は30ノットということになります。このため、移動速度をノットで求めたい場合は海里を使用した方が便利なのです。

ちなみに、なぜ「緯度で何度分か」を見るのでしょうか。

それは、経度は、同じ10度をとってみても、場所によって長さが違うからです。赤道近くと北極近くでは、同じ経度10度といっても、その距離はかなり異なりますね。しかし、緯度は「1度≒111km」と、ほぼ一定です。そのため、測ったデバイダーを緯度線にあてて、距離を読み取るのです。ただし、緯度10度の長さは地球上のどこをとっても同じでも、地図上で描かれている緯度10度の長さは高緯度ほど短くなっているため、デバイダーを使用した場所の「近く」の緯度線で何度かを読み取りましょう。

このような作業は、もちろん定規を使ってもできますが、デバイダーに慣れると、すばやく求めることができます。

位置を求める

たとえば、過去に「850hPa面の前線は地上の前線に対してどのような位置にあるか」との設問がありました。このような問題は、計算をするまでもなく、地上と850hPa面での前線の距離をデバイダーで測って、その距離が緯度10度に対してどのくらいかを見れば、すばやく答えが出るのです。この問いの場合、緯度10度の5分の1ぐらいなので、およそ200kmだと求められます。

エマグラムの読み取りにも活躍

また、このデバイダーは、「距離」をすばやく測るだけではなく、エマグラムを読み取るときなどにも活躍します。

エマグラムは慎重に読み取らなければいけないのですが、どうしても誤差が生じてしまいがちです。気象予報士試験の場合は、このエマグラムの1度の読み取りの間違いが、後々響いてしまうということもありますね。そこで、デバイダーを使うことで、この読み取りの誤差を少なくすることもできるのです。

たとえば、温度と露点温度から湿度を読み取る場合なども、そのままの状態で読み取るよりも、さっとデバイダーを取り出し、温度と露点温度の幅をデバイダーで測り、そのまま片端を0度線や10度線などにあててみることで、10度に対して何度かというのが非常に見やすく、読み取りやすくなります（細かいことですが、デバイダーをあてて距離を測る場合は、エマグラムに書かれた黒線のちょうど真ん中にデバイダーの針をあてて読み取るようにしましょう）。

試験会場では、デバイダーの代わりに、コンパスを持参されている方も多いようですが、エマグラムなどの細かなグラフを正確に読み取る際にも活躍することを思えば、やはり両先端が針であるほうがよいでしょう。

気象予報士試験は、限られた試験時間で、多くの問題をこなさなければなりません。デバイダーを使うことで、時間のロスを少なくすることも可能です。普段から使い慣れておきましょう。

3 等値線は「色鉛筆二刀流」で描く

作図系の問題は得意ですか？　苦手な方に、私が編み出した苦手克服法をお伝えしましょう。その名も、「色鉛筆二刀流」！

最近の試験の傾向として、局地天気図の等値線の描画問題が多くなってきたことがあげられます。等値線と一口にいっても、等圧線、等温線、等気圧変化量線など、さまざまな要素の作図がありますね。しかし、要素は異なっていても、等しい値の線を結んでいく作業は、基本的には同じです。

こうした問題の対策として、とにかく「慣れる」こと、「熟練する」ことなど、練習を繰り返すようにアドバイスされることが多いのですが、何度繰り返してもうまくいかない、間違ってしまう……という方に、間違いを防ぐコツをお教えしましょう。

まず、問題に指定された等値線がどの要素であるかを把握します。このとき、問題の指示を正確にとらえることが大切です。気圧なら何hPaごとなのか、実線なのか点線なのか、記入範囲はどこまでなのか、などといった指示を守ります。

天気図上のどの気象要素に注目するかを確認したら、等値線を描くことを指示された天気図のすでに記入してある線を基準にして、順に線を描いていきます。たとえば、平成16年度第2回の等値線の描画は、1004hPa、1005hPaおよび1006hPaの等圧線を実線で記入する問題でしたが、解答欄にはすでに、1007hPa、1008hPa、1003hPaの等圧線が描かれていました。この場合は、すでに書かれてある等値線を基準にして、1006hPa→1005hPa→1004hPaと大きい値から順に解析していくとよいでしょう。問題によっては、小さい値から順に描いたほうがよい場合もあります。場合により、判断しましょう。

そして、ここからが、「二刀流」。右手と左手の両方に色鉛筆を持ちます。

右手に好きな色を持ったら、先ほどの問題の場合であれば、1006hPaの等値線から描き始めるとして、まずは天気図の観測点のうち、1006hPaから1007hPaの間に入る観測点すべてに色づけをしていくのです（次ページ図1参照）。天気図上の値としては、069から060までの観測点に色づけをすることになりますね。

▼図1　観測点に色づけ

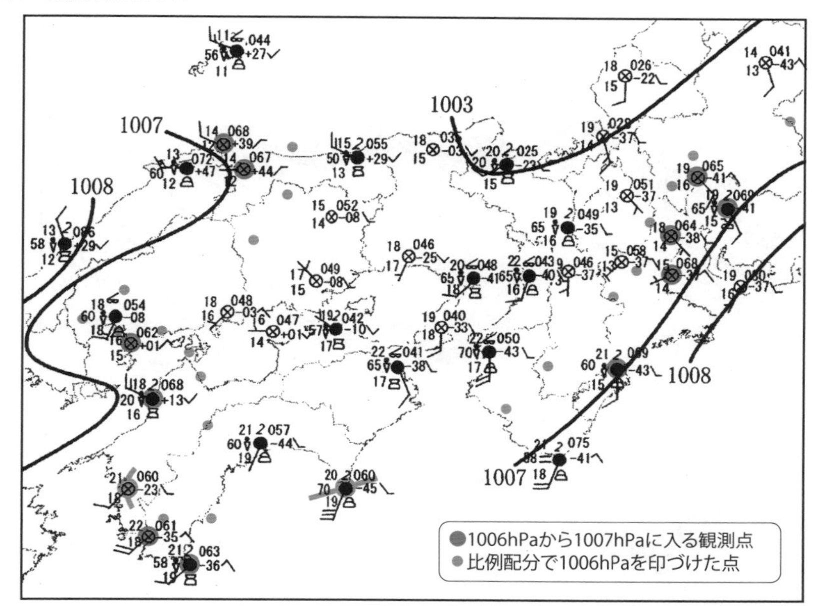

左手には、目につきやすい色を持ち（私は赤を使っていましたが、お好みで）、観測点の色づけ作業に並行して、観測点間を比例配分し、ちょうど060となる場所を、左手で点を書く形で、印づけをしていくのです。

比例配分は、観測点間同士でもよいですし、観測点と、等圧線を目安にしても大丈夫です。

こうして文章で説明すると、ややこしい気もしますが、そうたいした作業ではありません。要は、観測点をササっと順に色づけをしながら、あとで記入する等値線が通る場所を仮決めしておくだけです。そうすることで、等値線を描く作業は、点を結ぶ作業になるので、ぐんと楽になるのです。

そして、点を結び、等値線を描く作業では、不自然にジグザグにならないよう自然な曲線になるように、等値線同士が交わったりすることがないように、途中で切れたり枝分かれしたりしないように、注意しましょう（次ページ図2参照）。

▼図2　等値線を描く

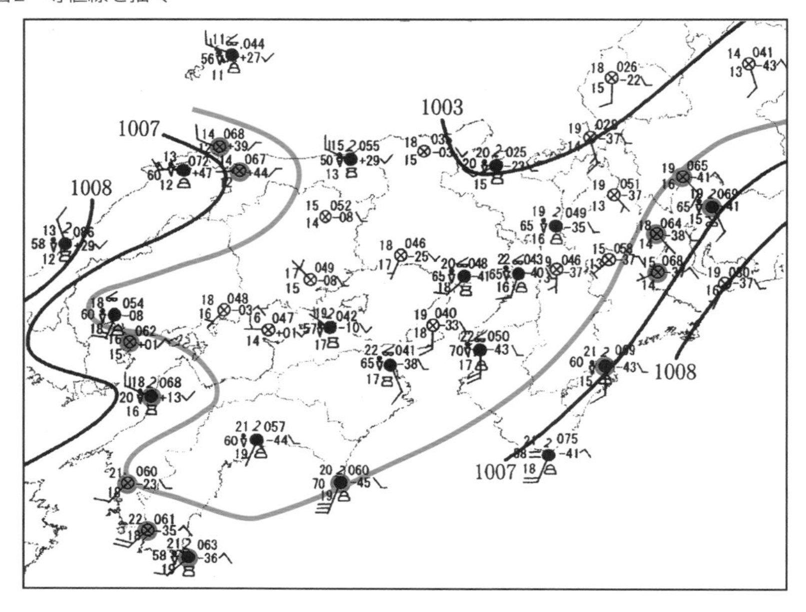

このように色づけをすると、たとえば今回のように1006hPaの等値線を描いたあと、各観測点に矛盾がないかどうかを視覚的にチェックすることができます。1006hPaから1007hPaのエリアをうすく塗りつぶしてみるのです。自分で描いた1006hPaの等値線と、1007hPaの線の間にある観測点に、すべて同じ色が塗られていれば矛盾がない証拠になります（図3参照）。

作業としては、これまでの説明の繰り返しになります。次の1005hPaの線を描くときは、右手の色を違う色に持ち替え、値が059から050までの観測点をマークしていきながら、同時に左手で「比例配分＆チェック」です。最終的には図4のように、各等圧線間は異なる色で塗られた状態になります。一つひとつ色づけをした観測点とエリアの色が合っていれば完成です！

▼図3　1006hPaから1007hPaのエリアをうすく塗りつぶす

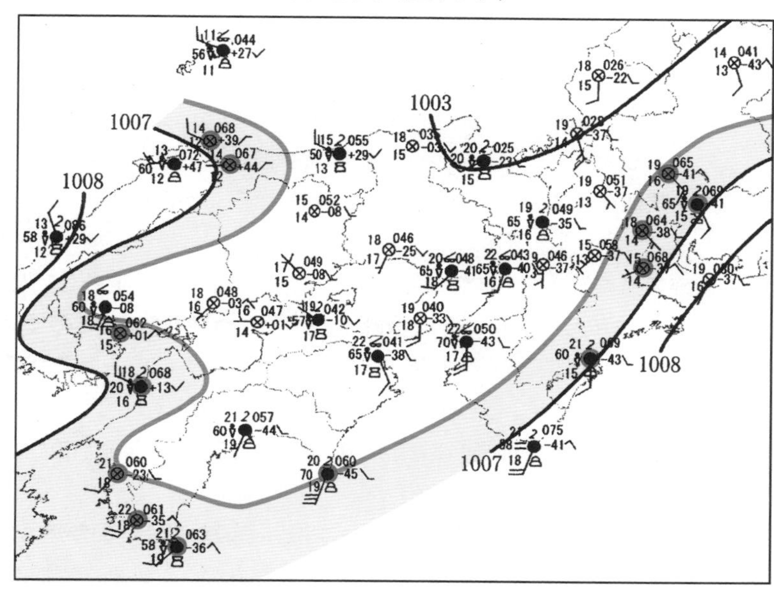

▼図4　各エリアを違う色で塗りつぶす

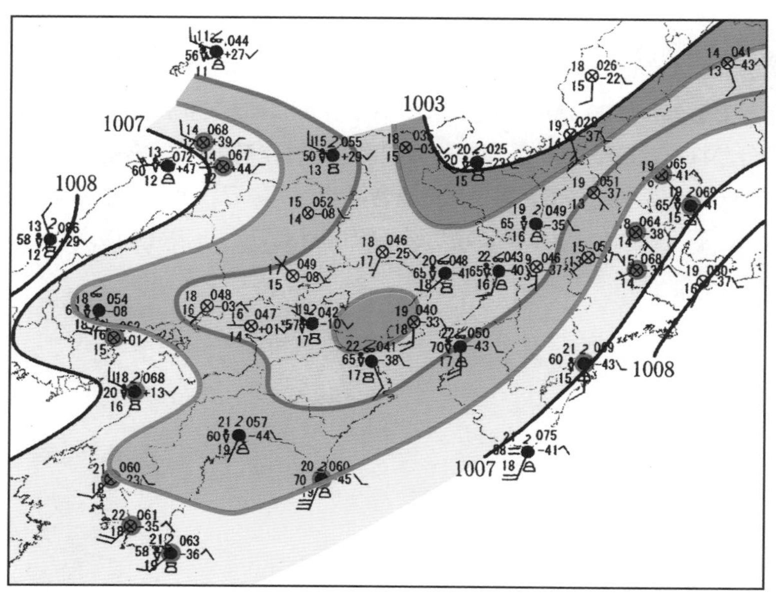

こうした作業は、例にあげた「気圧」だけでなく、いろいろな要素の等値線にも有効です。これで等値線を描く作業は楽になるでしょう。

もちろん、作業を行う前に「総観規模」ではどのような状態になっているのか、把握しておくことも大切です。等値線を描こうとにらめっこしている天気図は1枚であっても、当然大気は連続して変化していますね。等値線を描く前に、大気の流れの現在の状態をイメージすることも、等値線を描く際の手がかりになります。

また、等値線を描く作業中、数値が高かったり低かったりと、混乱してしまう箇所が出てくることがあります。その場合は、「閉じた等値線があるのでは」とか、「もう1本同じ値の等値線が描けるのではないか」など少し立ち止まって考えましょう。大気の流れの中や、天気図の中の等値線に矛盾がないように、完成させていきましょう。等圧線の描画の場合は、描いた等圧線と風の向きに矛盾がないかチェックすることも可能ですね。

どの等圧線まで描いたら最後なのか、もう1本描けるのかどうなのか迷ったら、その地図の中の最も気圧の低い地点を探してみてください。どの線まで描けばよいかがわかります。

矛盾のないように等値線を描いた段階では、天気図はかなりカラフルになっていることでしょう。本試験の解答用紙をカラフルなままで提出してよいものかは意見の分かれるところなので、資料図の中で色づけ作業をし、解答用紙にはトレーシングペーパーを利用して、等値線を書き写すとよいでしょう。等値線に数値を記入する、記入範囲など、問題の指示を再確認することを忘れずに！

第6章

合格を確実にする力をつける
——実技突破実践編

さぁ、実技試験を突破するために、この章は、ぜひ読みこんでくださいね！　合格を確実にする力を養うために、さまざまなコツを伝授します。何度か受験しているのに、あと一歩、実技の壁を越えられないという人にも役立つ情報です。

6-1
まずは基本に忠実に
——問題文のとらえ方と答え方

1 国語の試験だ！

「気象予報士試験は国語の試験だ」とも言われています。私も、「そのとおり！」だと思います。実技試験に限ってのことですが、記述は面接のようなものではないでしょうか。

面接で「お名前と住所をお聞かせください」と言われたら、名前だけでは不足です。住所だけでもダメ。もちろん、名前と住所のほかに自己紹介を延々と付け加えてもいけません。

「あたりまえじゃないか！」と怒られそうですが、気象予報士試験では、現象を理解しているにもかかわらず、このようなダメ解答を記入してしまう方が非常に多いのです。なぜなら、「問題文から何を聞かれているのか」をぼんやりとしか把握していないからです。

設問の違いをつかむ

次の設問の違いがわかりますか？　最も基本的な問いです。

[設問]

A：低気圧の発達に結びつくと考えられる500hPaトラフと、地上低気圧の位置関係の特徴を述べよ。

B：地上低気圧の位置と、500hPaの気圧の谷の位置との関係を考え、低気圧が発達できると判断できる大気の構造を述べよ。

違いはわかりましたか？　解答例です。

解答例

A：500hPaのトラフは、地上低気圧の西に位置している。

B：気圧の谷の軸は、下層から上層に向かって西に傾いている。

「なんだ、AもBも同じじゃないか」「AとBの解答例を入れ替えても、どちらも○ではないか」と思われた方は要注意です。ぼんやりと問題を把握して「なんとなくこんな内容を書けばいいだろう」ではなく、「何を問われたか」を的確に把握できるようになる練習をいっしょにしていきましょう。

何が問われているのかを把握する

では、解説です。「何を述べよ」と言われたのか、もう一度よく考えてみましょう。

Aの設問で注目すべき箇所は、「位置関係の特徴を述べよ」です。
Bの設問で注目すべき箇所は、「大気の構造を述べよ」です。

ですから、解答に必要なキーワードは、位置関係を問われたAは「西に位置している」ことを、大気の構造を問われたBは「気圧の谷の軸が西に傾いている」ことを記述する必要があるのです。

最近の試験では、解答の表現にもバリエーションが増えて、「西に位置する」や「真上に位置する」「ほぼ同じ位置にある」などに加えて、「トラフが浅まりながら東進し、地上低気圧の中心を追い越す」など、これまでに見かけなかった表現がたびたび登場します。実際の試験でこんな風に書けるかなぁ、と不安に思う方もいるかもしれません。しかし、どんなにバリエーションが増えたとしても、基本は同じです。「まるで国語の試験だ」と言われる気象予報士試験には、AとBの問いかけの違いに気づく力が必要なのです。

さらに、気象予報士試験の採点方法というのは、必要なキーワードが含まれていれば何点、という具合に、累計方式のようです。なんとなく言っていることが正しいようでも、必要なキーワードが不足していればゼロ点ではないにしろ、得点はかなり低くなってしまうという可能性があるのです。

聞かれたことにのみ、答える

得点を重ねるために、問題をよく読んでキーワードを選び出していく、という作業には、しっかりとしたコツがあります。基本はただ一つ、「聞かれたことにのみ、答えること」です。

初学者はキーワードが足りず、反対に気象予測の専門家は書きたいことが多すぎて余計なことを書いてしまう、というのが現実ではないでしょうか。

それでは、どちらにも必要な「基本に忠実な、解答に近づけるためのテクニック」をこれからお伝えしましょう。

2 問題文を簡略化しよう―― テクニックその1

具体的なテクニックその1は、問題文の簡略化です。

これは、何を聞かれているのかを把握する方法です。問題文はどの図を用いてとか、現況がどうなっているとか、いろいろと書かれているため長いのですが、実際に「述べよ」と言われている事柄はそう多くはありません。

「何を述べよと言っているのか」をつかむ練習をしていきましょう。方法はとてもシンプルです。問題文を簡略化するだけです。長い問題文を読んでいて、何を聞かれているのか頭に入ってこない場合でも、問題文をスリムにして「述べよ」の部分だけに簡略化すると、ぐんと解きやすくなるのです。

先ほども例としてとりあげましたが、低気圧の発達の理由は、過去何度も出題されてきた、いわば「定番の問題」といえるでしょう。基礎中の基礎です。「あ、また出てきた」「この問題は楽勝」などと軽く扱わずに、もう少し詳しくみていきましょう。

[元の問題]

着目中の低気圧は、この後もさらに発達すると予想されている。850hPa気温・風、700hPa上昇流に見られる低気圧の発達に寄与する気流の特徴を述べよ。

これを、簡略化してみましょう。

[簡略化した問題文]

低気圧の発達に寄与する気流（＝温度移流と鉛直流）の特徴を述べよ。

はい。これだけです。随分とすっきりしましたよね。

ここで、注意が必要なのは「気流」という表現です。水平方向の空気の運動は「風」といいますが、気流は上下方向と水平方向の両方の動きを意味しています。

また、「850hPa気温・風」は、等温線と風向の関係をみるわけですから「温度移流」のことを、「700hPa上昇流」は「鉛直流」のことを問われているのだ！　とすぐに把握できなくてはいけません。以上をふまえたうえで、問題文を簡略化すると、この文章になるわけです。

そして、解答例はこうなります。

解答例

低気圧前面で暖気移流と暖気の上昇、後面では寒気移流と寒気の下降がある。

簡略化した問題文と解答例の対応を眺めると、ムダな記述はまったくなく、問いかけに対して、聞かれたことにのみ答えた解答であることがわかります。この問題文の簡略化は、とても簡単な方法ですが、効果は絶大です。

この方法を習慣づけていけば、「何を述べよと言っているのか」が楽に読み取れるようになり、また、「こう聞かれたら、こう答える」というパターンも浮き彫りになってくるでしょう。

3 キーワードをつかもう—— テクニックその2

「キーワードが鍵」とよく言われますが、何がキーワードなのかをつかむことは、実は簡単なことではありません。また、問題文と解答例の対応を眺めてもキーワードを選び出すことができず、過去問題の解答例を丸暗記すればよいのでは？　と思われがちですが、それでは応用が利きません。

最近では、配点が公表されるようになっているため、必要なキーワード一つにつき何点、配点されているか、見当がつけやすくなってきました。しかし、詳しいキーワードとその採点方法は明らかになっていません。そのため、本書でお伝えする方法には推測も含まれますが、現実とそう大きくかけ離れたものではないと考えてよいと思います。

解答例からキーワードを見つける

では、先ほどの解答例から、どの言葉が必要なキーワードであるか、点数につなげるためのキーワードのつかみ方をみていきましょう。

解答例

低気圧前面で暖気移流と暖気の上昇、後面で寒気移流と寒気の下降がある。

このなかでキーワードとなるのは、次の四つと考えられます。

[キーワード]

❶暖気移流　❷暖気の上昇　❸寒気移流　❹寒気の下降

この問いの配点が8点と仮定すると、キーワード一つにつき2点ずつとなります。「低気圧前面で」、「後面で」ももちろん大切な記述で、書かなければいけない言葉であり、抜け落ちている場合には減点も考えられますが、必要なキーワードとしては、上の四つです。

似たような解答でもキーワードで得点が変わる

気象予報士試験の採点方法は、キーワードの累計方式です。ですから、なんとなく合っている解答と、キーワードがしっかり並んだ解答では、点数に大きな開きが出てくるのです。合格発表後、毎回、「自己採点では合格ラインに達していたのに、今回も駄目だった。どうしてだろう……？」というつぶやきがあちらこちらから聞こえてきますが、やはりそれは、キーワードが足りないことが原因なのでしょう。

次の解答を採点すると、8点のうち何点取れると思いますか？　いずれも、解答例と若干異なる文章です。

解答例

A：低気圧前面で、暖気の移流と上昇、後面で寒気の移流と下降がみられる。

B：低気圧前面で、暖気の移流と、上昇流が、後面で、寒気の移流と、下降流がある。

Aは8点、Bは4点です。

「へ?」と思われた方も多いでしょう。ややこしい解説になりますが、ここは大切なポイントです。しっかりとキーワードの感覚をつかんでくださいね。

この細かい違いを理解できるようになり、キーワードに対して厳密になると、合格がグッと近づきます。悲鳴をあげずに、ここはじっくり理解してください。

Aの「暖気の移流と上昇」という表現は、「暖気」という言葉が「移流」と「上昇」の二つにかかっています。つまり、低気圧の前面で、「①暖気が移流」し、そして、「②暖気が上昇」していると読み取れます。ですから、キーワード4点分。「寒気の移流と下降」も同様で4点。合わせて8点になります。

一方、Bの「暖気の移流と、上昇流」という表現では、「暖気」という言葉は「移流」だけにかかっています。暖気が移流していますが、上昇流が暖気であるかはわからない表現になります。キーワードが「①暖気の移流」の一つだけとされ2点のみ。後面も同様で2点、合わせて4点です。

似たような解答なのに、得点は8点と4点。この差は大きいですよね。

問いかけの微妙な違いに気づくこと

では、なぜ「上昇流」「下降流」という表現だけでは、キーワードとして認められないのか、考えてみましょう。

たとえば、低気圧の前面で、暖気移流が見られる場合でも、上昇流が寒気の上昇である場合を考えてみましょう。実際、寒気が上昇している場合も多々見られます。

低気圧の前面で、等温線が北に向かって膨らんでいれば、前面は暖気域となります。その膨らみがない状態の等温線をイメージしてください。前面は暖気域ではないのです。等温線を風が横切っており、暖気移流が認められ、さらに上昇流域だったとしても、そこは暖気が上昇しているわけではありませんね。

このように、暖気の上昇ではなく寒気の上昇だった場合、位置エネルギーから運動エネルギーへの変換が生じないため、低気圧は発達しません。

ですから、「低気圧の発達に寄与する特徴を述べよ」という問いの解答としては、「暖気が上昇している」ことをしっかりと記述しなければいけないのです。「上昇流」のみではキーワードとして足りません。

本当に細かいようですが、ここが合否の分かれ目です。問いかけの微妙な違いに気づく力が必要であるとともに、キーワードに対して厳密になることが大切です。

近年の解答例では、暖気の上昇ではなく、上昇流のみが、模範解答として示されることもありますが、基本は暖気の上昇です。しっかり記述することをおすすめします。

4 出題者になりきろう── テクニックその3

問題に触れる際は、キーワードに対して鋭敏な感覚を持ちながら、常に出題者の視線で見ていきましょう。

出題者も人間です。何かを答えさせようとしているのです。出題者の声に耳を傾けるつもりで問題文を読んでいきましょう。そうするうちに、出題者の意図、何を答えさせようとしているのかが読み取れるようになり、必要なキーワードも浮かんでくるようになります。たとえば、少し古い問題ですが、次のようにお手本になる良い問題がありました。

[過去問] [23回] 平成16年度　第2回　実技試験1　問2(1)

30日9時(00UTC)において、この低気圧の急速な発達に結びつくと考えられる特徴を、図の700hPa鉛直p速度と850hPa気温・風の予想に着目し50字程度で述べよ。

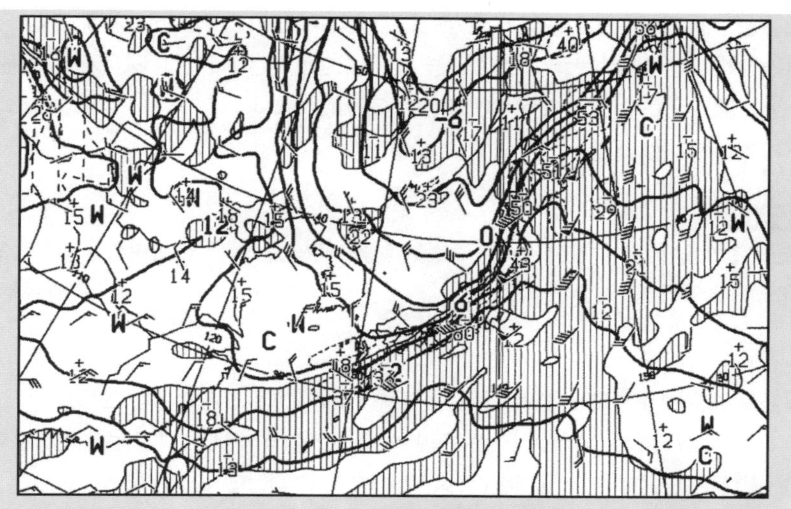

図　850hPa気温・風、700hPa上昇流12時間予想図

太実線：850hPa気温(℃)、破線および細実線：700hPa鉛直p速度(hPa/h)(網掛け域：上昇流)
矢羽：850hPa風向・風速(ノット)(短矢羽：5ノット、長矢羽：10ノット、旗矢羽：50ノット)

「700hPa鉛直p速度」は前述のとおり、上昇流もしくは下降流のどちらかが問われており、「850hPa気温・風」は温度移流について問われています。したがって、問題文を簡略化します。

[簡略化した問題文]

低気圧の急速な発達に結びつく特徴(＝鉛直流と温度移流)を述べよ。

「また同じ出題を例にとって……」と思われた方、要注意！　出題者の問いかけに、もっと耳をすませてくださいね。

過去何度も出題されているこの問題ですが、第23回試験のこの問いでは、出題者は「急速な発達」に結びつく特徴を受験者に聞いているのです。

低気圧の発達に結びつく特徴を問われたら、キーワードは四つでしたね。これはもうパターンとして覚えてしまいましょう。そして、今回はその四つを並べて満足してはいけません。「発達」ではなく「急速な発達」に結びつく特徴について述べるのですから、指定された資料からその特徴を的確にとらえましょう。

すると、低気圧前面の暖気移流が強いことがわかります。同じ移流でも、風が等温線を横切る角度が大きいほど、また、風速が大きいほど、暖気移流は強くなるため、図からは暖気移流が強いことが読み取れます。

そして、解答例はこうなります。

解答例

低気圧の進行方向前面で、※強い暖気移流と暖気の上昇、低気圧の後面で寒気の移流と寒気の下降がある。

解答例は、要するに出題者が「こう答えてほしかったんだよ。こういうことを聞いているんだよ」というメッセージとも受け取れます。いつもと同じワンパターンの出題ととらえずに、出題者の問いかけに耳を傾けてください。

実際の採点として、この「強い」に得点性があるかというと、実際にはないものと考えます。なぜなら、この問題の配点は8点。必要なキーワードは、いつもの四つと考えられるからです。しかし、今回の例のように、出題者の意図は問題文と解答例の対応から、はっきりと読み取ることができます。この感覚は非常に大切です。なぜなら、実際の試験の場合には、受験者は答案を通して、出題者もしくは採点者と対話をするわけですから。

出題者の問いかけに耳を傾ける

何を聞いているのかを正確にとらえましょう。問題文、解答例の微妙な違いに気づき始めたらしめたものです。出題者の感覚に近づいてきた証拠です。どんどん出題者の視線で学習を進めていきましょう。常に出題者の目を持ち、自分だったらどんな問題を作るだろう、と考えながら問題に触れていきましょう。

たとえば、急速な発達の特徴を問われた際、暖気移流が強いことに注目しましたね。ここで、自分が出題者だったら、図の低気圧前面で「暖気移流が非常に強いと判断される理由を述べよ」という出題も面白いかもしれないな、などと考えるわけです。その場合、「暖気移流が強いと判断される理由に必要なキーワードは、①風が等温線を横切る角度大、②風速大、③等温線集中の三つだな。しかし、図からはっきりと見て取れる理由は、①と②の二つだな。では、解答として必要なキーワードは①と②の二つ。一つ2点として、ここは配点4点にしよう！」という具合です。

どうですか？　問題なんて、いくらでも作れそうな気がするでしょう？　気象予報士試験で、問われる事柄はそう多くはなく、形を変えて出題されているのです。常に自分が出題者になったつもりで、問題のバリエーションを考えてみる！という作業を習慣づけてくださいね。

このような「常に出題者の視線で」というスタンスは、問題と解答に対する理解をぐんと深めてくれますよ。

また最近の問題では定番の低気圧の発達の問題でも、その解答例に変化が見られます。

[過去問] [48回] 平成29年度第1回　実技試験1　問2 (3) ②

(3) 図2～5を用いて、初期時刻に九州の南岸にある低気圧が、12時間後から36時間後にかけて盛衰する理由を以下の項目について述べよ。

②12時間後における850hPaの風向・風速および温度移流の状況

解答例

低気圧の東側では45ノットの南南西の風による暖気移流、西側では25ノットの北西の風による寒気移流が予想されるため。

この問題は低気圧前面（東側）で暖気移流、後面（西側）で寒気移流を答えさせる問題ですが、具体的な風向と風速を答えさせている点に特徴があります。低気圧の発達の問題は定番であるため、何度も何度も問題を解いていると、問題を見ただけで解答が浮かぶようになってきます。そのため、天気図を見させるために、あえて問題で温度移流だけでなく、風向・風速について問われているのです。このように天気図を見たことを解答に含めることは、最近の問題の特徴かもしれません。

5　森をしっかり見てから木を見よう

試験勉強を続けていると、問題文や解答例の枝葉末節にこだわり始め、「木を見て森を見ず」に陥りやすいので、要注意です。細部も大切ですが、「森をしっかり見てから木を見る」ことは気象予測の基本です。

先ほどからややこしい説明が続きました。繊細な国語的センスを身につけることは合格への近道であることに違いないのですが、気象現象をとらえる際は何度もお伝えしていますが、大きな場の流れから次第に小さな場へと視点を変えていきましょう。問題に取り組む際も同様です。そのうえで、今問われているのは、大きな場のことであるのか、それとも、局地的なことなのかを把握しましょう。

受験勉強を始めた頃にはなかった疑問が、何度か受験に失敗するうちに湧いてくることがあります。「何を問われているのかをしっかりとらえよう」というと、問題文を細部まで見て、「700hPaと850hPaに着目して」とあるのだから、「700hPaでは上昇流、850hPaでは暖気移流となっている」などと詳しく書いたほうがよいのでは？　と、細かなことにこだわり始めてしまうのです。しかし、低気圧の発達というのは、あくまで総観規模で判断すべきことです。700hPa、850hPaと問題文に書いてあるのは、単に低気圧を含む広い範囲での大規模な大気の流れを、その等圧面天気図から読み取りなさいと言っているだけです。700hPa、850hPaの天気図を代表として、総観規模の大気の状態をとらえなさいということで、そのポイントに着目しなさいというわけではないのです。

枝葉末節にこだわり始めると、迷路に迷い込みます。こんな状態に陥っている方は（受験回数を重ねた方に多いかもしれません）P.204のテクニック1に戻り、問題文の簡略化を実行してみてください。そして、何を聞いているのか、どの規模でのことを問う問題なのかをつかんでくださいね。

6 問題や解答例と喧嘩しない

試験が行われたあと、インターネット上などで、たびたび、問題の批判や疑問点について活発な議論が交わされます。書き込みをする人同士、解釈の違いで喧嘩に発展することもあるくらいです。また、後日、解説が書かれた本が出版になると、今度はその解説の中でも、問題の出し方や解答例に対して、「適当とは思えない」などと、疑問を投げかける文章に出会ったりして……。

そんな環境で勉強を進めていると、そのうち、自分自身も細かなことが気になり始め、問題や解答に納得できないようになったりしがちです。そういう意味では、気象予報士試験というのは、ある意味、特殊な試験ともいえるかもしれませんね。

でも、問題や解答と喧嘩している暇があったら、理解につとめたほうがよいのです。気象というのは大自然を相手にしているので、解釈に違いが発生するというのは、これはもう、仕方がないことなのですから。そして、問題を作成している人が数年ごとに変わっているのも、問題の傾向をみていれば気づくでしょう。細かな表現の違いがあったりするのは、避けられないことだと思います。気象学そのものが、断言できない世界を含むことも原因の一つともいえます。ですから、いちいち喧嘩にエネルギーを使うのではなく、問いかけに耳を傾けたほうが勝ち！　目くじらを立てるより、出題者の気持ちを汲み取りましょう。そして、基礎を固めましょう。どんなに出題の傾向が変わっても、出題者が変わっても、基礎は変わらないのですから。

実際、私自身、解答例に疑問を感じることもあります。

しかし、私がまだ受験生だとしたら、ここでいちいち喧嘩をしません。出題者の意図を読み取り、それでもまだ納得がいかなければ、解答例よりも、さらに良い解答を書くという選択肢もあるわけですから。出題に関してどうこう言っても、何も変わりません。けれども、自分がどうするかは自分が選べばよいのです。

喧嘩にエネルギーを使うくらいなら、気象業務支援センターの解答例の独特の言い回しやキーワードを一つでも二つでも覚えるほうが合格に近づくということです。

受験生が膨大なエネルギーを費やして臨む試験ですから、問題に不備などあってはならないですし、解答例にも曖昧な点があっては困ります。しかし、いろいろな意味を含め、グレーゾーンは避けられない試験であるのは確かです。こちらが、100点ではなく90点満点の試験を受けるつもりで構えましょう。

7 出題者がどんな人かイメージしてみよう

これだけ試験の回数を重ねてくると、出題にもさまざまな傾向があることに気がつきますね。その出題者が、どのような方なのかイメージができて、出題者とコミュニケーションができるようになってくると、問題とも喧嘩をすることなく、出題者の意図に沿う形で解答が書けるようになってきます。

最近の実技試験に触れて思うのですが、解析そのものに、共感しがたい問題であったり、はたまた、定番のとてもとても基本的な問題であったり、試験の回によって、かなりばらつきがあります。学科2科目が免除で、今度が実技試験クリアのラストチャンス！　なんてときに、難解な問題に出会ってしまうかもしれないのは、なかなかの恐怖です。

でも、ここでもやっぱり、問題と喧嘩して、何を聞かれているのか全くわからない！　と混乱するよりは、出題者をイメージして、コミュニケーションするつもりで取り組んでみましょう。すると、いたるところに、「自分はこういうように解析したんだよ。ほら、ここは、こうなるでしょ、で、ここは、こうだよね」というように、リードしてくれている気配を感じられると思います。散りばめられているヒントが見えてくるんですね。出題者が語るストーリーに身を任せてみましょう。

姿は見えないけれど確実に人として存在している出題者を、人としてとらえ、ある程度コミュニケーションができるようになってくると、問題に向き合う時間も楽しいものになってきます。

「あぁ、この方は、日々の天気の中でも稀に見られるケースを、面白いなぁって感じる方なんだな」とか。一方、「この方は、教科書に載っていそうな、見事な基本パターンに『おぉ～』と胸躍る方なのかな」とか。そうやってイメージするのも、問題と仲良くなる一つの方法かなと思います。

そして、これは余談になりますが、気象業務支援センターがインターネットに公開している過去問題を、Wordなどに入力してみると、「出題者が変わったんだな」という区切りがなんとなくわかったりします。というのは、問題文のフォントが違っていたりするんですね。気象予報士仲間がそんなことを話していたので、私もやってみました。すると確かに、字体がゴシックの人がいたり明朝体の人がいたり、問題文の文末で改行をしている人がいたり、いない人がいたり、「この人は文章だけ先に書いてあとで選択肢を挿入しているんだな」などなど、面白いほどに人の気配を感じることができます。太字だったり、そうでなかったり。

何が言いたいのかというと、とにかく人が問題を作成していて、そこには必ず意図があるということです。何も、問題文の入力をおすすめしているわけではなく。「ここを越えてこい！　早く仲間になろうな！」なんて、エールを送りながら、問題を作っている人もいるかもしれません。その人と、対話をしましょうということです。

私は「気象予報士試験は国語の試験だ」という言葉から、この章を書き始めました。国語力は、気象予報士になってからもとても必要とされる力です。受取り手が求めている情報を、的確かつシンプルに届ける、それは試験も現場も同じです。試験をクリアするためだけに勉強しているわけではないのです。言葉との距離を縮めて、そこにある意図を読み取りましょう。

6-2 的確な解答をするために ——私の合格ノートから

1 基本の「型」を身につけよう！

ここからは、私の実技対策ノートの中身を紹介しましょう。問題の項目別の整理は、これまでのテクニックを基本にしています。次のようにまとめています。

❶一般的なよく出題される問題文を簡略化 Q
❷解答例 A の対応（必要なキーワードは色文字）
❸出題者の視線で作った問題文 Q★

知識の整理に役立ったのが、項目別に問題と解答の対応をまとめたことでした。この、「項目別にまとめる」という作業により、微妙な表現の違いに気づく力がついていきました。そして、キーワードを見つける基本の「型」が身についたのです。

この「型」は、試験対策としては非常に有効です。過去問題の解答例の丸暗記だけでは応用は利きませんが、型がしっかりとしていれば、いくらでも応用が可能になるのです。キーワードを選び出してつなげていくだけですから。

型をしっかりと覚えていくと、①問題を読む、②図とにらめっこする、③解答文を書いたり消したり苦労する、という順番が、次のようになります。

❶問題を読む
❷出題者が答えさせようとしている解答のイメージがパッとひらめく
❸資料図を見て確認する

この違いは非常に大きいのです。問題文を読むだけで、解答がイメージできれば、あとは、その中から問題として取り上げられている事例に当てはまるものだけを選び出してつなげれば、過不足のない解答が自然にできあがるのです。

といっても、注意点が一つあります。ここから先、「このような問いに対して必要となるキーワードはこれだけ！」という具合に、どんどん基本の型を紹介していきますが、もちろん、実際の試験では、指定された図から読み取ることができるものだけをキーワードとして選び出してください。

図からはっきりと読み取れるものを、解答欄に書きましょう。
微妙なものは、書かないでおきましょう。

ちなみに、Q★ に示した問いは、「自分が出題者だったらこんな問題の出し方をするかもしれないな」という具合に展開させたバリエーションです。常に出題者の視線で、と書いたように、みなさんも単に、過去問題などからキーワードを整理し、基本の型を身につけるだけでなく、「こんな問題はどうだろう」と、どんどん問題を発展させていってください。

たとえば、「温暖前線があると判断される理由」という問いに対してのキーワードをまとめていたとしましょう。その作業のなかで、「では、寒冷前線について問われたらどうだ？」というふうに考えていくわけです。

また、大気の鉛直安定度がどのように変化するかを問う設問について、キーワードを整理していたとしましょう。「同じ答えを書かせようとしたとしても、自分が出題者なら……」と考えていくと、エマグラムから読み取らせようか、それとも予想天気図の等温線から読み取らせようか、いやいや、表から数値を読み取る形にしよう……、などなど問題はいくらでも作れるのです。その数は無限大です。

ぜひ、みなさんも自分で問題を考えることを習慣にしましょう。そうすると「なんとなく理解していたけれど、いざ試験で問われたら書けなかった！」なんて悔しい思いをしなくてすむと思いますよ。もちろん、得点もアップすると思います。

では、項目別に整理していきましょう。

2 問題と解答の対応を見ながら、キーワードを覚えよう

低気圧

Q	低気圧の発達に結びつく特徴を700hPa鉛直p速度と850hPa気温・風の予想に着目し、述べよ。
A	低気圧の進行前面で、暖気の移流と暖気の上昇が、後面で、寒気の移流と寒気の下降が見られる。

Q★	低気圧の発達に結びつく特徴を700hPa鉛直p速度と、850hPa気温の予想に着目し、述べよ。
A	低気圧前面で、暖気の上昇、後面で寒気の下降が見られる。

850hPa「気温・風」ではなく「気温」に着目せよという問いであった場合、移流を読み取ることはできませんね。この場合の解答に必要なキーワードは、「暖気の上昇」「寒気の下降」となります。

いきなり、少しイジワルな応用問題だったかもしれません。私が出題者だったらこの問題は出題しませんが、問いかけの違いに気づいてほしかったので、ここに入れてみました。では基本問題に戻ります。

Q	低気圧の発達の見通しをエネルギー論から記述せよ。
A	低気圧を含む広い範囲で、有効位置エネルギーから運動エネルギーへの変換が起きるため発達する。

Q	低気圧が発達しない理由を述べよ。
A	500hPaトラフは地上低気圧の真上（もしくは東）に位置している。低気圧前面で暖気移流と暖気の上昇が、後面で寒気移流と寒気の下降が顕著ではない。

発達する理由が「顕著ではない」ことを書けばよいわけですね。平成26年度第2回実技試験2の問2（1）では「対応する明瞭なトラフが見られない」「低気圧中心は下降流域となり、上昇流極大域は低気圧中心から東方に離れたところにある」というように低気圧の衰弱期の特徴について問われたこともあります。

Q★	低気圧前面の上昇流域が、寒気域である場合、低気圧は発達するか。理由も述べよ。
A	発達しない。有効位置エネルギーから運動エネルギーへの変換が生じないため。

Q	寒冷前線通過前後の鉛直方向の風の変化と温度移流の種類について述べよ。
A	前線の通過前は、風向は高度が増すにつれ時計回りに変化し、暖気移流となっている。通過後は、風向は高度が増すにつれ反時計回りに変化し、寒気移流である。

前線

Q	850hPa天気図で、温暖前線があると判断される理由を述べよ。
A	南北方向の温度傾度が大きく、低気圧性の水平シアーがあり、暖気移流と収束がある。

キーワードは四つです。「温度傾度が大」は、「等温線の集中帯あり」や「等温線の間隔が狭い」でも可です。

Q★ 寒冷前線があると判断される理由を述べよ。

A 南北方向の温度傾度が大きく、低気圧性の水平シアーがあり、寒気移流と収束がある。

この場合の解答は、暖気移流に代わって「寒気移流」がキーワードとなります。そのほかは同じ。水平温度傾度が大きい領域で、前線があると判断される場合で、温暖前線なのか、寒冷前線なのかを判断する材料は、暖気移流か寒気移流かを見極めることです。したがって、温度移流がどちらになっているのかは、とても重要なキーワードです。

Q 前線の位置予想に着目する気圧面および要素。

A
500hPa：渦度0線
700hPa：湿数3℃未満の湿潤域
850hPa：等温線、等相当温位線、風向シアー
地上：風向シアー、12時間降水量分布

この解答のほか、上層の強風軸、地上の等圧線の谷にも着目しましょう。

鉛直安定度

Q 下層から上層にかけての安定度が悪くなる条件は？

A
下層に暖気
上層に寒気
下層に湿潤空気（高相当温位）
上層に乾燥空気

時間の経過とともに、上の条件が一つでもあれば、大気の安定度は相対的に悪

くなっていきますね。

たとえば「大気安定度がどのように変化すると予想されるかを、判断した根拠を含めて述べよ」という出題があるとします。そして、解答例は「850hPaと500hPaの気温差が大きくなるので、より不安定となる」となるということにしましょう。ここでのポイントは「下層から中層への気温減率がどうなるから、安定度はこうなりますよ」と答えさせたいのです。

キーワードは、下層から中層にかけての平均的な気温減率が大きくなるため、大気の鉛直安定度は悪くなる、の二つになります。ここでは850hPaや500hPaの具体的な気温の数値は書かれていませんが、もちろん、問題文に数値を具体的に書くよう指示がある場合は得点性があります。忘れずに書いてください。

では、この場合、「中層に強い寒気が入るため、より不安定になる」という解答はどうでしょうか。850hPaの気温が変化していない場合は、この解答でもよいでしょうが、850hPaにも寒気が入っている場合は、中層に寒気が入るだけでは気温減率が大きくなるのかどうかがわかりません。安定度の変化を述べるには、やはり、気温減率がどうなるのか、つまり、「下層と中層の気温差が大きくなるのか、小さくなるのか」を述べたほうがよいでしょう。

Q★	T＝12　850hPa 330K　500hPa －5℃ T＝24　850hPa 342K　500hPa －5℃ T＝12からT＝24にかけての安定度の変化について述べよ。
A	T＝12に比べてT＝24では、850hPaの相当温位は高くなるため、安定度は悪くなる。

ここで、注意したいのは、「気温減率が大きくなる」と書いてはいけないことです。下層の相当温位と上層の気温から、気温減率はわかりません。高相当温位の流入からは、下層の水蒸気量が多いことが読み取れます。下層の水蒸気量が多いと、凝結高度が低くなるため、不安定は顕在化しやすく、不安定になると述べることができます。

もし、この条件ではなく、T＝24で500hPaが－10℃になっていたら、どうでしょう。下層に高相当温位と、中層に寒気の二つのキーワードと、安定度が悪くなるという結論を書けばよいですね。

エマグラム

Q	前線に関係した気温と露点温度の特徴をそれぞれ述べよ。
A	気温：850hPaよりやや上に前線性の逆転層がある。 露点温度：前線面の上下とも、気温とほとんど一致し、飽和している。

逆転層がどこにあるのか、そして、問いには「前線に関係した」とあるので、単なる逆転層ではなく、前線性の逆転層であることを述べましょう。

Q★	沈降性逆転層であると判断できる理由を述べよ。
A	逆転層より下では湿っているが、逆転層の上では、非常に乾燥しているため。

Q★	対流雲が発達している場合のエマグラム上の特徴を述べよ。
A	ほとんど飽和しており、気温の状態曲線が湿潤断熱線にほぼ平行。 相当温位の鉛直傾度が0K/hPaとなっている。

このほか、エマグラムとともに、風向風速も読み取れる場合は、「鉛直シアが小さい」こともあげられます。

これらの特徴は、積雲対流が活発化している気層の特徴であり、激しい対流活動によって、上層と下層の空気がかき混ぜられることによるものです。ですから、逆に、エマグラム上で、「相当温位の傾度がゼロに近いことが何を示すのか」を問われた場合は、「湿潤対流混合によって、上下の空気が混合されたことを示しているため、対流雲が発達していると考えられる」などと記述すればよいでしょう。

エマグラムの基本的な読み取り方はしっかりとマスターしておきましょう。そのうえで、エマグラムで問われる可能性のある問題について考えていきましょう。

持ち上げ凝結高度を読み取る「ショワルターの安定指数（SSI）」を求めることなどは基本的な問題ですね。エマグラム上でほとんど飽和していることが読み取れる箇所は、雲が発生していると判断できますから、雲頂高度の読み取りなども可能です。

状態曲線と地点を対応させて、その判断理由を述べさせる問題は定番となっています。

ちなみに、エマグラムでは、露点温度の状態曲線と気温の状態曲線がぴったり沿っている場合は「飽和」や「ほとんど飽和」、湿数が1℃未満であれば「飽和に近い」、湿数3℃未満ぐらいであれば「湿っている」などと表現しましょう。

雲解析

雲解析については経験が必要です。それぞれの画像の特徴と見方、識別のポイントについては専門知識で習得済みとして、ここでは、雲解析関連の出題に関連するコツに絞ります。

まず、雲形の識別の基本です。

❶可視画像から雲の厚みを判断
❷赤外画像から雲頂高度を判断
❸輝度の特徴から、対流性か、層状性かを見極め
❹雲の種類を結論として導く
❺資料図から時間変化も読み取れる場合は、変化の度合いにも注目し識別

気象衛星観測の雲形の識別の場合、「種類」は、地上気象観測での十種雲形とは異なりますから、十分注意してください。気象衛星観測では、たとえば、中上層雲などは、地上観測のような細かな分類は困難であるため、識別していません。また、衛星からは雲底が地上に達しているか、いないかはわからないので、霧か層雲かを見分けることができません。

気象衛星観測での分類は、次の種類になります。

▼気象衛星観測での雲形の識別

Ci	：上層雲
Cm	：中層雲
Cb	：積乱雲
Cg	：雄大積雲および無毛積乱雲
Cu	：積雲
Sc	：層積雲
St / Fog	：層雲または霧

ここで、注意！　気象衛星観測からは、細かな識別が不可能であるにもかかわらず、本試験では、「十種雲形で答えよ」と問題文に書かれている場合が多々あります。問題文は注意深く読み取りましょう。

たとえば、気象衛星画像を用いての雲解析から判断できる雲形が、「霧または層雲」であっても、出題の指定が十種雲形であれは、解答欄には「層雲」と記入します。

雲の識別は、画像の明暗から行いますが、可視画像、赤外画像ともに、およそ5段階で表現するとよいでしょう。

▼雲の識別

●可視画像の場合

明白	非常に厚い
白	厚い
灰	やや厚い
暗灰	薄い
暗	雲がない

●赤外画像の場合

明白	雲頂高度が非常に高い
白	上層
灰	中層
暗灰	下層
暗	下層、地表付近

対流性か、層状性かについての記述は、事例により、画像から見て取れるまま表現しましょう。

対流性の場合、雲域が「団塊状である」「輪郭が明瞭」「輝度（＝画像上の明るさの度合い）に濃淡が見られる」「凹凸がある」などと表現しますが、答案には、画像に顕著に現れている特徴を記述します。

層状性の場合、「滑らか」「凹凸がない」「一様」であることを述べます。
また、雲解析に関する問題文には、さまざまな言葉が使われていますが、次の言葉はそれぞれ、どのような事柄を記述すればよいのかも覚えておきましょう。

▼雲解析での問題文と記述のポイント

[問題文] 輝度の特徴を述べよ

[ポイント] 最も基本的な問いです。識別の基本どおりに雲を解析しましょう。例としては、「赤外画像で白く雲頂高度は高い」「可視画像で暗灰色であるため、薄い雲域である」などと、画像の明暗から判断できる輝度の特徴について述べていきます。

[問題文] 種類を述べよ

[ポイント] 気象衛星観測での分類を答えます。先ほどの輝度の特徴の例に続けるならば、ここでは(上層雲)であることを述べるのです。

[問題文] 十種雲形で述べよ

[ポイント]「十種雲形で」とある場合は、(巻雲)などと記述します。

[問題文] 性状について述べよ

[ポイント] 性状を問われたら、層状性か対流性かを述べます。

[問題文] 形状について述べよ

[ポイント] 性状と形状は異なります。形状は、字のとおり「形」の特徴を聞いています。具体的に、筋状、帯状、団塊状、球状、線状であることや、テーパリングクラウド、バルジ、トランスバースライン、シーラスストリーク、などと、特徴的な形状について述べましょう。

以上の基本を踏まえて、次の問題を見ていきましょう。

Q

領域A内の代表的な雲の種類を十種雲形で一つ答え、判断した根拠を述べよ。（オリジナル問題）

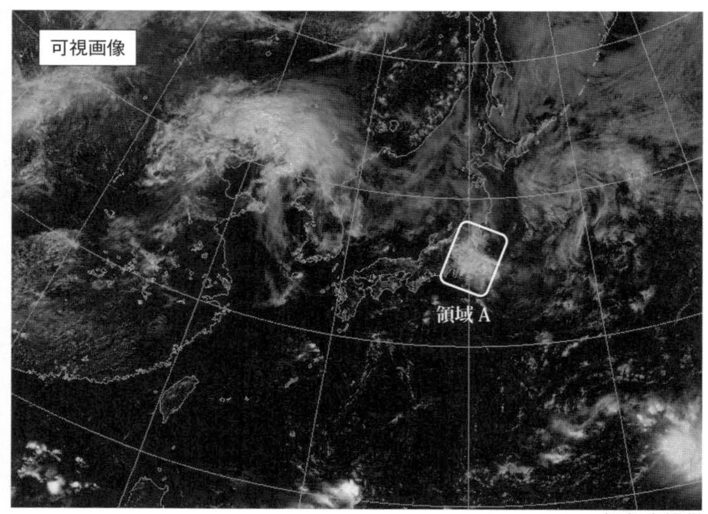

気象庁提供

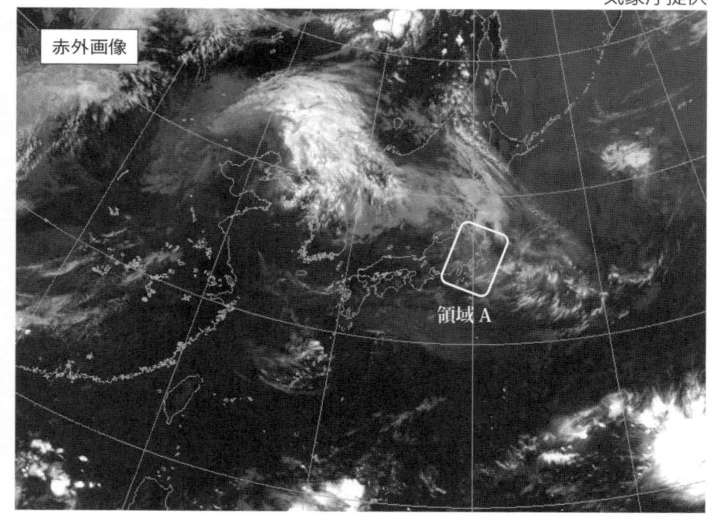

気象庁提供

A

十種雲形：層雲

根拠：可視画像では明白色で、赤外画像では暗く雲頂高度が低い。

画像からは、層積雲もあると識別できますが、出題は「代表的な雲」を「十種雲形で一つ」答えさせようとしています。この場合、「代表的」といえるのは、やはり層雲となります。可視画像を見れば、まず雲域がきれいに地形に沿っていることに目が止まります。雲解析の基本に沿って、可視画像ではこう、赤外画像ではこうだから……と識別する以前に、「あ、層雲だ。脊梁（せきりょう）山脈を越えられないから、地形に沿った形になるんだよね」と、ピンとくるぐらい、雲解析には慣れておきたいところです。

では、雲解析を進めていきましょう。基本に従って、①可視画像から雲の厚み、②赤外画像から雲頂高度を判断、③輝度の特徴から性状、④雲の種類の順に、読み取れるまま素直に文章にしていきましょう。解答は次のようになります。

①可視画像では白いから厚い雲域で、②赤外画像では暗いから雲頂高度は低い。③表面が比較的滑らかで、地形に沿った形をしているから、④層雲。

解答例とは若干異なりますが、ここは基本どおり記述したいところです。

さて、ここでうっかり「霧または層雲」と解答した方はいませんか？　この問いでは「十種雲形で」答えるのですから、「霧」は誤解答になります。また、層積雲もありそうだからと、「層雲、層積雲」と書いてしまった方もいるかもしれません。

しかし、「一つ」答えなさいなのです。正しく識別できる能力がありながら、みすみす点数を落とすのは、本当に悔しいことですね。「何を述べよ」なのかを的確に把握してください。問題文は注意深く読み取りましょう。

そして、繰り返しお伝えしているように、とにかく「述べよ」と言っている事柄のみで解答欄を埋めていきましょう。

たとえば、雲解析の問題文で「輝度と雲の表面の滑らかさについて述べよ」や「輝度と形状の特徴を述べよ」となっている場合は、雲の厚みや雲頂高度について述べる必要はありませんね。判断した根拠を問われれば、基本に従って解析した内容すべてを記述する必要がありますが、「滑らかさ」と問われれば、見たままに滑らかなのか、凹凸があるのかだけを記述すればよいのです。何をどこまで記述すればよいのかを把握して、簡潔に表現することが大切です。

Q	水蒸気画像の暗域は何を表しているか述べよ。
A	上・中層の乾燥域

「上・中層の」という言葉も、必要不可欠なキーワードです。水蒸気画像は、上層と中層の水蒸気量を表しているからです。

Q	水蒸気画像で明白色である領域Aと、暗域である領域Bでは、500hPa面の高層観測値の湿数にどのような違いがあるか述べよ。
A	領域Aに比べて、領域Bは湿数が大きい。

水蒸気画像で明白色であることから、すぐに上・中層では、領域Aは湿っていることが、また、暗域である領域Bは乾燥していることがわかりますね。湿度がどのように異なっているかは、すぐに予測がつきます。

雲パターンと低気圧

Q	低気圧の発達に結びつく特徴的な雲パターンについて述べよ。
A	地上低気圧の北側のバルジの高気圧性の曲率が増している。

Q★	発達中の低気圧に伴う特徴的な雲パターンを述べよ。
A	低気圧の北側に、明瞭なバルジが見られる。 低気圧後面に雲の少ない領域が見られる（＝ドライスロット）。

低気圧に伴う雲域の北側の縁が膨らむバルジは、低気圧が発達するサインとなるため、出題頻度も高くなっています。「北側に膨らんだ雲域について問われた

らバルジについて記述すれば正解だろう」などと大雑把に理解せずに、過去の問題と解答の対応をよく眺めてみましょう。

「発達に結びつく特徴」「発達中の低気圧の特徴」「低気圧が十分に発達したと見られる特徴」など、問いの違いにより、「バルジが顕著」「バルジの曲率が増している」など、解答も微妙に違ってきますね。このほかにも、低気圧の発達を示す変化としては、低気圧に伴う雲域がまとまってくること、雲頂高度が高くなること、低気圧に伴う雲域が、北東〜南西走行へと、南北に立ってくること等があげられます。

解答欄には、そのときに画像から読み取れることのみを書きましょう。

ところで、「ドライスロット」という言葉は、水蒸気画像から雲解析をして表現する場合には避けましょう。なぜなら、水蒸気画像はあくまでも、上・中層の水蒸気量を表しており、下層の状態を示す画像ではないからです。

解答を書くときは、可視画像で判断する場合、「ドライスロット」と表現しても差し支えありませんが、水蒸気画像から判断する場合は、「上・中層の乾燥域」などと表現しましょう。

Q	気象衛星赤外画像では、低気圧の中心の北〜北東側に広がる雲域には、発達中の低気圧に伴う雲としての典型的な特徴が見られる。この特徴について、雲頂高度および形状に関して述べよ。
A	雲頂高度が高く、雲域の北縁が明瞭で高気圧性の曲率（バルジ状）となっている。

問題文からすぐに、①雲頂高度が高いことと、②バルジが明瞭であること、を書けばよいのだとわかりますね。

ここで、問いが「輝度の特徴を述べよ」であれば、赤外画像で白く雲頂高度が高いことを記述しなければいけませんが、雲頂高度に関して述べればよいわけですから、そのものズバリを書けばよいのです。そして、形状に関していえば、フックも見られますが、問題文には「北〜北東側」とあります。ですから、解答には、「バルジ」を答えさせたいのだなと判断できます。

上昇流

Q	上昇流の成因を述べよ。
A	①上層の正渦度移流 ②層厚の暖気移流 ③大規模な凝結による潜熱の放出 ④風の収束 ⑤地形による強制上昇

①の上層の正渦度移流については、一般的に500hPa面を用いて考察します。また、②の層厚の暖気移流については、850hPa面の温度移流を考察します。

上昇流の成因は、気象予報士試験でもよく問われる重要な項目です。上の五つの中から、成因としてあてはまるものを一つまたは複数、キーワードとして書くパターンが多いようです。支援資料図の中から、成因として読み取れるものを解答として書けばよいでしょう。

①から③は、ω（オメガ）方程式としても、よく登場しますね。方程式そのものを理解するのは難しいかもしれませんが、上昇流が計算される要素として、式の意味を理解するだけでも十分です。

層厚

Q	500hPa天気図では、A領域とB領域に低気圧が解析されている。しかし、地上天気図および700hPa、850hPa天気図では、A領域には低気圧が解析されているが、B領域には解析されていない。各等圧面での気温はAよりBが低い。Bで下層に低気圧が見られなくなる理由を述べよ。
A	500hPaではAとBの高度はほぼ等しいが、それより下層ではBのほうが気温が低く、大気密度が大きいので等圧面間の層厚は小さく、下層ほど低気圧が見られなくなる。

層厚に関する問題です。層厚の問題に答えるためには、まず次のような注意が必要です。

▼層厚の問題に答えるためのポイント

❶ どこかの等圧面で、高さが等しい

まずこれを述べなければなりません。この前書きが抜けてしまうと、比較するそれぞれの気柱の平均気温の差によって、等圧面間の層厚に差が生じていることを述べたとしても、「下層ほど低気圧が見られなくなる」といった結論を導くことはできません。必ず、『どこかで等しい』ことを述べましょう（背比べをするとき、まずは同じ高さに立たないと比較できないのと同じです）。

❷ 気温→密度→等圧面間層厚

上記の順に述べます。この問題の場合は、①から、それより下層について一方が「気温低」「密度大」「等圧面間層厚小」であることを述べます。いずれも大切なキーワードです。

❸ 下層ほど不明瞭

結論を述べましょう。

Q★	AとBの二つの気柱の、等圧面間の層厚が違う理由を述べよ。
A	それぞれの気柱の平均気温が異なるため、気柱の体積に差が生じるから。

層厚は、等圧面間の平均気温が高いほど厚くなります。一般知識で勉強した層厚の式をしっかりと理解しておきましょう。

また、層厚は等圧面間の湿度が高いほど、厚くなります。その理由は、湿度が高いほど水蒸気量が多く、密度が小さくなるためです。

降雨

Q	前線通過をキーワードにして、降雨の時間的な経過を述べよ。
A	山岳風上側：前線通過前から雨が降り始め、前線通過時に強まる。 山岳風下側：前線通過時に一時的に雨が降る。

降雨の時間的な経過を述べさせるこの問題の場合は、まず、資料予想図から天気の予報をする必要があります。風向と山の斜面との位置関係を把握し、雨が降るか降らないかを判断したり、前線が通過する際に雨が降ることをイメージしたりしながら、時間の経過とともに、降雨の状態がどのように変化していくかを判断します。その予想をもとに、「前線通過をキーワードに」との問題文にしたがって解答を作成すると、解答例のようになるわけです。

降雨の時間的な経過についての、表現の仕方については、これまでの過去問題の解答例に以下のような表現がありましたので、参考にするとよいでしょう。

「早くから地形性の持続した降水があり、前線通過時に降水が強まったあと、15時すぎには止んでいる」
「3時すぎから降水が始まり、前線通過時に降水がやや強まったあと、遅くまで断続的に弱い降水が見られる」

このように解答例を参考にすることで、雨の降り方にも、「一時的に」や「持続して」や「断続的に」など、さまざまな表現があることがわかります。こうした表現はキーワードになりうる言葉でもあるので、覚えておきましょう。せっかく頭の中で天気の経過が正しくイメージできていたとしても、「どう表現したらいいのだろう？」では、適切な表現ができません。

気象の分野独特の表現や言い回しに慣れるために、解答例を筆写する方も多いと聞きます。丸暗記は効率的ではありませんが、一つひとつの言葉の使い方をインプットするのは有効だと思います。

Q	前線接近に先行して降雨が始まる理由を述べよ。
A	（南西）風が、山地の（南西）斜面に吹きつけて、強制上昇させられ、地形性降水が生じるため。

地形性上昇流に伴う雨の要因は、問われる頻度の高い問題です。

風向と山の斜面の方向については、その都度、支援資料図から読み取り正確に書きましょう。

なお、風向に関してですが、南、南東、南西と8方位のうち3方向にまたがるようであれば、「南寄り」と表現しますが、南、南東など2方向であれば、南寄りと大きく表現するよりは「南から南東」などと表現しましょう。また「寄り」という表現は東西南北のみに使用します。「北寄り」などといいますが、「北東寄り」といった使い方はしません。注意しましょう。

Q

低気圧前面にあたる静岡・愛知は強い雨が予想されているが、同じく低気圧の前面である三重県北部では、弱い雨しか予想されていない。下層風は、南から南西である。降水の予想に違いが生じると考えられる要因を、地形に着目し述べよ。

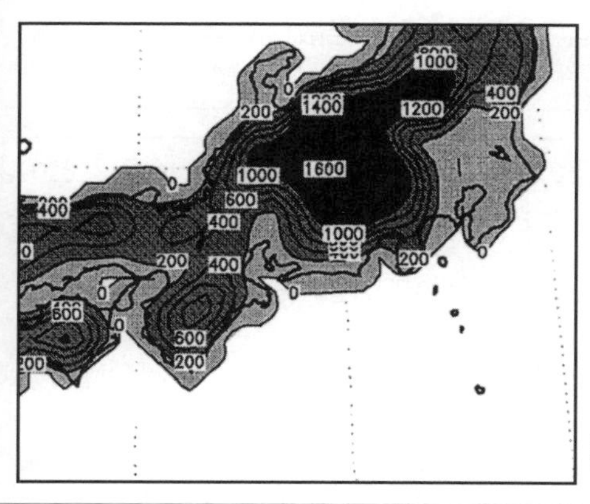

当該数値予報で使用している地形

A

愛知県から静岡県では、山地にほぼ正対して風が吹くため強制上昇が生じるが、三重県北部では、山地にほぼ平行、または風下側になり、強制上昇は生じない。

地形性上昇流の問題は、風向が鍵になります。風向と地形の関係を見て、それぞれの違いを簡潔に述べます。このような「Aはこうであり、Bはこうである」というような、違いについて簡潔に述べなければならない問題はよくあります。この解答例は、場所・理由・結論の順で書いてありますが、文の書き方を揃えると、すっきりと簡潔に表現することができます。

台風

台風をテーマにした問題は頻度が高いのですが、構造について問われることが多いのが特徴です。台風特有の特徴をしっかりと理解しておきましょう。

Q	台風中心付近の気温が高い要因を二つ述べよ。
A	暖湿な気流が上昇し、水蒸気が凝結する際の潜熱の放出。 台風の眼の中で気流が下降することによる断熱圧縮昇温。

Q	台風の上層と、下層における風の場の特徴を述べよ。
A	上層：時計回りの気流となり発散している。 下層：反時計回りの気流となり収束している。

Q★	台風通過前後の地上風の時系列変化から、台風とどのような位置関係にあるかを判断せよ。
A	風向が時計回りに変化しているから、台風の進行方向右側に位置している。 風向が反時計回りに変化しているから、台風の進行方向左側に位置している。 台風通過時を中心に、風速が弱まっていることが、眼の通過を示しており、通過前後で風向が逆転していることから、台風の進路上に位置している。

Q 台風通過時に潮位偏差を引き起こす原因を二つ述べよ。

A 気圧の低下による海面の吸い上げ効果
強風による吹き寄せ効果

Q 高潮が大きくなるのはどのような湾か述べよ。

A 台風の進行方向右側に位置し、風上側に開いている湾
V字形の湾
遠浅の湾

Q 台風の進行方向に向かって右側の領域は風が強くなっていることが多い。その理由を述べよ。

A 台風の進行方向に向かって右側では、台風自体の風速成分に、台風の移動速度が加わるために、左側の領域に比べて風が強くなっていることが多い。

Q 台風右側の強風半径と、左側の強風半径との差が、台風により異なる。このような違いが生じる要因を述べよ。

A 台風の移動速度の違いによる。

Q 擾乱が台風の構造を持っていると判断できる根拠を述べよ。(500hPa渦度、500hPa気温分布に着目)

A 擾乱の中心近くに正渦度の極大値が存在し、中心付近に高温核が存在する。

Q 台風が温帯低気圧になったと判断される根拠を述べよ。

A 擾乱の進行方向後面に寒気の流入と寒気の下降が、前面には暖気の流入とその上昇が見られる。

解答字数に余裕があれば、「したがって、温帯低気圧の構造を持っている」と結論を書いてもよいでしょう。

Q★	上空で台風の低気圧性循環が不明瞭になる理由を述べよ。
A	台風の中心付近は、暖気域で周囲に比べて層厚が大きくなるため、上層ほど、台風と周囲との等圧面での高度の差が小さくなるから。

Q★	台風から温帯低気圧への変化が完了したと判断できる理由を述べよ。
A	中心付近の上層の暖気核が消滅した。

台風から温帯低気圧へ変化する際の「傾向」としては、地上の低気圧の中心と上空の正渦度極大値の垂直性が失われること、上層の暖気核が不明瞭になること、地上天気図の等圧線の形状が同心円状から崩れてくることなどがあげられます。次第に温帯低気圧の構造を持つようになるため、後面の寒気流入と寒気下降、前面の暖気流入と暖気上昇が顕著になってきたり、850hPa面で等温線や等相当温位線の集中帯が見られるようになってきたりします。

温低化の「傾向」と「完了」とは異なり、「完了」については、上層の暖気核が消滅したことで判断します。

Q★	台風が通過した後、海面水温が低くなる場合があるが、この理由を述べよ。
A	台風の循環により海面付近の海水がかき混ぜられ、下層の冷水が海面まで上昇するから。

Q★	台風が陸地に上陸した後、急速に衰弱した。その主な理由を述べよ。
A	台風が陸地に上陸すると、エネルギー源である水蒸気の補給が著しく少なくなり、また地表面摩擦の影響によりエネルギーを失うため。

Q★	（関東地方では前線の影響で台風が遠い位置にあるときから雨が続いている。暴風域・強風域は大きくないが、中心付近では猛烈な風が吹いている）このような台風の中心が接近・通過する場所での注意すべき風と雨の変化について述べよ。
A	風：台風の中心が接近すると風が急激に強まり、台風通過時に風が急変する。 雨：前線に伴う降雨が続いた後に、台風本体に伴う強い雨が加わる。

この問題は、「台風＋前線」です。このような前線の影響を受けている状況の中で台風が接近・通過する際、どのようなことに注意すべきか、また、時間の経過とともに、どのように天気は変化するのかを考え、頭の中で天気の経過をシミュレーションしましょう。

台風の場合、個々の台風により、注意すべき点が異なります。この問題の場合は、解答例のとおり、風が急激に強まることと風向の急変、前線に伴う降雨に台風の強い雨が加わることが注意点となりますが、たとえば、「暴風域が非常に大きい台風が接近・通過する場合」には、「急変」よりも強い雨や風が長時間にわたって続く「持続」がキーワードになります。また、「移動速度が非常に遅い台風」の場合も同じく、雨や風の被害が拡大する可能性があります。この場合も、「急変」より、「持続・継続」が注意すべき点になります。また、台風の場合、進路によっても防災上注意すべきポイントが大きく異なることもあります。さまざまな場合を想定し、予想しましょう。

繰り返しになりますが、出題者の視線で、いろいろな問題を作成してみましょう。また、予報円、暴風警戒域などの定義もしっかりと覚えておきましょう。

波浪

Q	うねりと判断できる理由を述べよ。
A	風向と卓越波向に大きな差があり、波の卓越周期が長いから。

波浪は、「風浪」と「うねり」の総称です。風浪は現在海面を吹いている風によって生じた波で、うねりは風浪のうち大きなエネルギーを持っているものが遠方まで伝播したものをいいます。

うねりは、波長が長く、周期も長いのが特徴で、解答例のように風向と卓越波向に大きな差があることも多いのですが、仮に、風向と卓越波向がほぼ同じ方向であったとしても、周期が8～10秒以上と長い場合は「うねり」と判断します。

Q	風の強さは同じだが、日本海西部の波高は4m、四国の南の海上の波高は2m以下。このような差が生じる理由を述べよ。
A	四国太平洋側では陸から海に向かって風が吹いており、海上での吹走距離が短いため低いが、日本海西部では吹走距離が長いため波が高い。

風浪の発達には、風の吹続時間、吹走距離などが関係します。吹続時間が長いほど、吹走距離が長いほど、波は成長します。

Q	沿岸波浪予想図の等値線、矢羽、白抜き矢印は何を表すか。
A	等値線：波高 矢羽：風向風速 白抜き矢印：卓越波向

これは、波浪予想図の見方を問われた問題ですね。等値線は波高、矢羽は海上の風向と風速、白抜き矢印は卓越波向を表していますが、そのほか、矢羽や矢印のそばに書いてある数字は、卓越波の周期を秒単位で表しています。

6-3 試験本番に向けた実践的勉強法

1 1時間で解く―― 本番さながら過去問題法

過去問題に取り組む際は、本番さながらに解くようにしましょう。

これまで過去問題を例にとり、キーワードなどを整理してきました。しかし、キーワードを整理しただけでは合格できません。本番の試験を突破する力が必要になってきます。試験は時間との勝負です。知識があったところで、制限時間内に活かせなければ、得点にはつながりません。

過去問題に取り組むのは、1日の中のスキマ時間ではなく、1時間ぐらいまとまった時間がとれる時間帯にしましょう。そして、時間を計りながら本番のつもりで解くのです。試験は反射神経を問われるようなもので、「パッと見て、ピンときて、サッと答える」と、テンポよく進んでいかなければいけません。

毎回、時間も計ることなく、ゆっくりダラダラと過去問題に取り組んでいると、この反射神経は鍛えられません。試験後に「この問題解けたはずなのに～！」「時間が足りなかった～！」と悔しい思いをするのは、本当に避けたいところ。それには、スポーツ選手がどんな競技であっても身体で覚えるまで何度もトレーニングを重ねるように、試験で合格を目指す場合も、過去問題トレーニングを繰り返すのが最善の方法です。

本番さながらに過去問題に取り組むときは、常に「スピード」を意識してください。意識的に、可能な限りすばやく反応し、作業するように心がけましょう。合格するためには、時間内に解かなければいけないのです！

実技試験は1時間15分あります。見直しの時間を確保することを考えれば、1時間ですべての問題を解き終わりたいところ。そこで、私は常に「1時間」と制限時間を設定していました。これは訓練です。もちろん、見直しを時間いっぱいまで行うところまで、しっかり本番さながらにします。楽に合格できる力をつけたいなら、さらに短い時間で解けるように目標設定してもよいでしょう。私も試験直前は、1時間で見直しまですべてをすませるようにしていました。

最初は、何度か時計を見ながらになると思いますが、数回繰り返すうちに、1時間という感覚が身についてきます。それからは、あえて時計を見ないようにし、集中を心がけることをおすすめします。「いかにすばやく、ケアレスミスなく解けるか」を日々訓練することで、本番突破力を鍛えていくのです。回を重ねるたびに、スピードアップしているのが体感できるはずです。そこまで反射神経を鍛えておけば、本番試験では時間がたっぷりと余って、余裕を持って見直すことができます。

では、1時間の設定時間の中での作業の流れを、具体的に紹介しましょう。

▼1時間で過去問を解くときの作業の流れ

❶まず、日付を確認し、季節をとらえます。

❷地上天気図を確認し、主題が何かを把握します。

台風だ、梅雨だ、日本海低気圧だ、などという具合です。

❸すべての資料図の余白に、日付を書き込みます。

たとえば(7/3　9:00)とか(7/4　21:00)など。

初期時刻と何時間予想図なのかを確認し、資料天気図の全体(現象)を眺めつつ、書き込みます。これは、図の見間違いを防ぐためです。12時間後のことを問われているのに、24時間予想図を眺めてしまうというミスもありますからね。

❹資料図にさらりと目を通した状態で、次は問題全体をざっと読み、全体の主題とストーリーを確認します。

問題文の中に、他の問題を解くヒントが含まれている場合もあります。一問一問解くよりは、最初に時間を割いて(といっても数分です)全体の流れをつかんでおいたほうが有利になります。

❺あとは「指差し確認解答法」で、題意を確実にとらえながら、解いていきます。

※「指差し確認解答法」については、第7章(P.262)で説明します。

そのほか、作業として、最初にサッと色づけをする人、問題文の余白に大まかな時間配分を記入する人など、さまざまな好みがあるようです。私は時間を短縮したいのと、一通り解き終わるまでは全力集中&全力疾走したかったので、これらの作業を好みませんでしたが、みなさん、本当にいろいろな工夫をされているようです。作業の流れには、それぞれの好みがあると思いますので、ぜひ、スピードアップ訓練を重ねると同時に、自分流の「合格戦術」を編み出してください。

2 指定文字数に近い分量で── 解答文作成法

「余計なことは書かない」ために、もう一つ、解答文の作成法をお伝えします。

記述式の問題では、文字数が指定されています。作成した解答の文字数が、この指定より多くても少なくても構わないのですが、多すぎる場合は余計なことを書いている可能性が高く、少なすぎる場合はキーワードが足りていないことも考えられます。指定された文字数に近い解答を作成できるように、日々訓練していきましょう。

問題文を読んでキーワードをメモ

まず、問題文から「何を答えよ」と言っているのかを的確に把握します。そして、いきなり解答欄に書き始めることはしないで、問題文の下に、書こうと思うキーワードを短縮した形でササっとメモしていくのです。このメモは自分がわかればそれでよいので、たとえば雲解析の問題であれば、「赤 暗 低 可 明白 厚 滑」などの略した状態で構いません。メモの段階で出題者の意図からずれていないか、必要なことはすべて含まれているかを瞬時にチェックします。そして、このメモをもとに頭の中で文章を組み立てます。頭の中で日本語として簡潔で素直な表現であるかを確かめたら、実際に解答欄に書き込んでいくのです。先ほどのメモを文章にすると「赤外画像では暗いため雲頂高度は低い。可視画像では明白色であり非常に厚い雲域。表面が滑らかである」などという記述になるわけです。

「温暖前線があると判断される理由を求める問題」を例に考えてみましょう。頭に浮かぶキーワードが、資料図から読み取れることを確認しつつ、余白に「等温集中 シアー 暖移大 収束」というキーワードをメモします。解答欄にはこのキーワードをつなげた簡潔な文章を書きます。「等温線集中帯が存在し、低気圧性のシアーがある。また暖気移流が大きく、収束している」これでよいのです。

こうした作業で、解答欄に書いては消し、書いては消しという無駄な作業から、かなり開放されると思います。そのわりには、このメモをする作業はそうたいして時間のかかるものではありません。

自己採点のために自分の解答を余白に書き写してくる方もいるようですが、このメモさえあれば、あとで自分の解答を思い出すことは容易ですから、貴重な時間を無駄にする必要はありません。余った時間は、見直しなどのチェックに集中しましょう。

文字数や資料の扱い

ちなみに、文字数に関しては、句読点などはもちろん1字とカウントされますし、単位については、たとえば「hPa」の場合、1マス内に書いても3マス使用しても、どちらでもよいようです。

また、問題文の中に「～を用いて答えよ」と、資料図を指定してある場合があると思いますが、この場合は、指定された資料図すべてを用いて必要なキーワードを並べていくことで、自然と指定字数に近い解答ができあがることが多いようです。逆に、指定資料から読み取れること以外の内容は記述しないようにしましょう。これが、よく言われる「余計なこと」なのです。

問題文の表現に注意

そして、ここで、よく注意してほしいのが問題文の表現です。「～を用いて」とある場合は、指定資料図に関する内容を必ず記述しなければなりませんが、「～を参考に」とある場合は、必ず記述せよという意味ではありません。参考はあくまで参考であり、「用いて」と指示がある場合とは異なることに注意しましょう。こうした問題文の表現にも、敏感になってください。

何を書くのか、何を用いて書くのか、しっかりと把握したうえで、メモを活用し、簡潔な文章を書くように心がけましょう。

3 解答用紙コピーのすすめ

過去問題に取り組む際は、解答用紙は多めにコピーしておくことをおすすめします。過去問題を繰り返し解くのに効率が良いだけではなく、受験勉強そのものの効率がアップするからです。繰り返し言いますが、やるべきことは「試験合格レベルに到達すること！」。

試験に合格できるレベルと、自分の現在の力との間に、どれだけの開き、つまりギャップがあるのかを常に把握して、そのギャップを埋める作業をするのが受験勉強です。解答用紙のコピーは、このギャップの「判断」に大きく役立ちます。なぜなら、「比較作業」ができるようになるからです。

みなさんも、チャレンジ1回目、2回目……というように、解答用紙をチャレンジ回数ごとに整理してみてください。勉強を続けていても、自分の実力を把握するというのは意外に難しく、また、実力がアップしている実感も、なかなか得にくいものですね。しかし、自分の解答を比較することで、自分の力を客観的に把握することができます。

比較してみると、不思議なことに、同じ人間でありながらまったく同じ解答になるということはなく、何らかの違いがそこから読み取れます。実力アップが実感できるときもあれば、「前回のほうが記述の表現が素直だな」「また同じ間違いを繰り返しているぞ」と気づくこともあります。

比較作業がなければ、2回続けて同じ間違いをしたことにも気づかず、採点して赤で直して終わりかもしれませんが、「まただ！」と気づけば、自分の弱点をしっかりとつかむことができ、今後の学習で強化が可能になります。貴重な時間を割いて、馬鹿正直に何度も全部解くという作業からも開放され、自分の足りない部分を強化することに集中できるのです。

逆に、何度解いても（1回では不安ですが……）クリアできる箇所があれば、3回目、4回目のチャレンジの際には、飛ばして解いてもよいと思います。

比較作業で、自分のレベルと試験合格のレベルにどのくらいギャップがあるのかを常に把握しましょう。もうすでにできることに時間を費やすムダを省いて、効率をアップさせてください。

第7章
あと1点で泣かないために

試験が近づいてくるにしたがって、どうしても焦りが出てきますね。あれもこれもやっておきたい、でも、時間は限られているし、間に合わない!!　などと考え出すと、もうキリがなく、どんどん焦りは増すばかり。
ここでは、試験直前の対策や注意、試験当日の心構えなどを伝授します。

7-1 試験直前、何をすればいいの？

1 やるべきことは割り切って

逆算スケジュールを立てる

試験直前期に焦ってあれこれ手を広げても、効果はあまり上がりません。気持ちを切り替えて、「あれもこれも」と思う気持ちを手放して、「最低限」やるべきことだけをピックアップして、「逆算スケジュール」を立てましょう。

試験前日は、会場の下見のみ。前々日は、持ち物を揃えることのみ。試験前1週間は、過去問題あるいは苦手項目だけを集めたノートに目を通すのみ！　このくらいでよいと思います。

「わ〜、間に合わなかった！」と、できなかったことを思ってパニックになるより、積み重ねてきたことを信じましょう。試験時刻に合わせて生活のリズムを整え、睡眠をたっぷりとり、当日は落ち着いて試験を受け、合格して喜ぶ自分の姿をリアルに思い描くほうが、よっぽど力を発揮できるものです。

新しいことはやらない

新しいことに取り組むことは、かなりのエネルギーを要するうえに、わからない場合は不安になります。試験直前期は、新たな問題集などに手を出すのは危険です。「もしかしたら、やったことのない問題がこの問題集にあるかも……」と思う気持ちはわかりますが、基礎をしっかり固めていけば、試験問題は基礎知識の応用ですから大丈夫！　試験当日「え？　なんだこりゃ！」という難問に出会ったとしても、他の受験生もみな同様に思っているはずです。こだわらずに、わかるところを確実に取っていくことが大事なのです。

ひらめき回路を鍛える —— 直前期過去問題見直し法

さて、ここで、かなり乱暴な方法なのですが、試験直前期に過去問題をざっと見直したいとき、私がやっていた方法をお教えしましょう。かなり乱暴な方法なので、万人に受け入れられるとは限りませんが……。

順調に学習を進めてきた方であれば、問題を見ただけで必要なキーワードが浮かんでくる状態になっているはずです。そこで、試験直前の貴重な時間を節約しつつ、過去問題を見直したいときは、①問題を見る、②必要なキーワードを思い浮かべる、③解答例をチェックする。これを繰り返して、ガンガン進んでいくのです。

何が乱暴なのか、わかりますか？

そうです。指定された資料を見ずに、ドンドン答えていくのです。解答例をチェックして、大きく感覚がずれているときのみ、資料を見ていきます。雲解析など、資料を見ずに解答することが不可能な問題の場合は、もちろん資料図も見ますが、その場合も、パッと見て、キーワードを思い浮かべます。

試験直前期の貴重な時間は、すでにできることに時間をかける必要はないのです。自分がわかればそれでよいのです。問題を見て、パッとイメージすることを繰り返していくと、試験に対しての「反射神経」が鍛えられ、問題を読むと、必要なキーワードが「ピン！」とくるようになります。いわゆる、ひらめき！　ですね。自由自在に引き出す回路を鍛えるのです。

試験直前まできたら、これまでの積み重ねを信じて、まとめたノートにざっと目を通したり、暗記事項を眺めたりしつつ、「反射神経」「ひらめき回路」を鍛えてくださいね。

2 持ち物は早めに揃えよう

試験会場に持っていくものは、早めに揃えましょう。

参考書やノート類の荷物は最小限に、筆記用具は許される限り最大限に持参しましょう。

机の上に置いていいものを最新の試験案内書で確認

試験中、机上に置くことが認められているものは、次のものです。

▼試験の持ち物

- ●受験票
- ●HBまたはBの黒鉛筆（またはシャープペンシル）
- ●プラスチック製消しゴム
- ○色鉛筆、色ボールペン
- ○マーカーペン
- ●ものさし（分度器は不可）または定規
- ●コンパスまたはデバイダー
- ○ルーペ
- ○ペーパークリップ
- ○時計

●は必須、○は任意　気象庁HPより

これまでを見ると、定規と書かれている回もあれば、ものさし（分度器は不可）となっていたり、必須のものと任意のものに分かれていたり、この持ち物の表現も試験の回数を重ねて少しずつ変化しています。単に時計と書かれていたり、（計算付きのものは認めません）と書かれていたり。ですから、持ち物を準備するときは、参考書や過去問題と解説集などの書籍ではなく、必ず最新の試験案内書を手元においてすすめましょう。

時計などには要注意

特に、時計への注意書きは、どんどん詳しくなっていて、2022年現在は、「計算・辞書等の機能付きや音の出る時計は不可、携帯電話・各種通信端末による代用は不可」と書かれています。スマートフォンや、ウェアラブル端末の使用が禁止なのはもちろんのこと、電源をオフにするなどの注意が必要です。

また、基本的なことになりますが、消しゴムなどは、複数用意しましょう。筆記用具は使い慣れたものを。時計は電池を新しいものに換え、正確な時刻に合わせていきましょう。受験中、余計なことで気が削がれることがないように、自分ができることはすべてやってから、本番に臨みましょう。多くの時間とエネルギーを費やしてのチャレンジですから、自分が集中できる環境を、整えることも大切です。そして、それらの準備したものたちを、狭い机で、どのように配置して、どこに問題を置いて、どう解き、どう作業するかもすべてシミュレーションしておくとよいですよ。練習は「本番のように」。そして、本番は、「練習のように」です。

参考書含め荷物は最小限に

さて、参考書やノート類は最小限に、とお伝えしましたが、テキストや参考書、ノートなどは、あれもこれも……、と思うのではないでしょうか。私も、最初の受験ではそうでした。

しかし、気象予報士試験は本当に長丁場で、試験そのものだけでも、かなりの体力を消耗します。試験当日は、いつもと違う道のりを移動したりするわけですから、それだけでも結構疲れるものです。試験時間ギリギリいっぱい集中して臨む体力を温存するためにも、荷物は最小限にしたいところです。あれこれ持っていっても、当日に会場で目を通せる量は限られています。

できれば、会場でサッと目を通したい事柄だけをまとめたものがあるとよいですね。私の場合は、自分の弱点のみをまとめたルーズリーフを１冊持参しました。その中身を紹介すると……。

ルーズリーフの冒頭の数ページは、クリアポケットを利用して、試験直前に目を通したい暗記事項を入れていました。たとえば、雲形の記号の一覧や、国際式天気図記号の表、気象で使用する地名が書かれた地図などです。

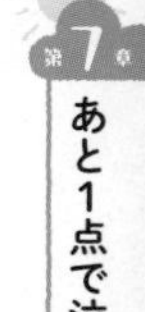

人間の忘却曲線を考えると、覚えたことの多くを次の日までに忘れてしまうわけですから、試験直前にさっと目を通したほうがよいものは、自分なりに工夫して持参しましょう。

ルーズリーフの中身は、普段何度も自分がつまずいた箇所や、あやふやなところだけをまとめたものでした。実際のところ、それだけで十分でした。重い荷物を抱えて、えっちらおっちら向かった最初の受験では、試験直前、特定の項目を集中して確認するわけでもなく、パラパラとページをめくっただけでした。

しかし、確実に覚えたことは、もう持参しなくても頭の中に入っていますね。ちゃんと頭に入っているという自信のない箇所のみ、持っていけばよいのです。限られたものだけを持っていったほうが、直前の短い時間に集中して復習することが可能です。

昼食は持参がベター

お昼ごはんは、消化の良い、おにぎりと飲み物などを持参することをおすすめします。気分転換に外出される方もいらっしゃいますが、昼食休憩も長時間ではありませんし、試験会場の近くにレストランがあるかないかなど、不安要素がいろいろあります。自分にとって、何が集中力キープにつながるかをよく考えて、選択と準備をしましょう。

服装とお金

冷房や暖房は、試験会場により、効きすぎたり効いていなかったりと、条件はさまざま。自分で調節できるように脱ぎ着が可能な服装を用意しましょう。

交通機関の乱れがないとも限りません。もしものために、いつもより多めのお金を用意しておきましょう。いざという時はタクシーに乗る必要もあるかもしれません。

心落ち着くグッズもお供に

これらに加えて、私は大切なお守りを持参していました。それは、わが子が小さな手で書いてくれた「ママがんばれ！」のメッセージや、似顔絵などです。試験直前の会場で、その、ニョロニョロの文字を眺めているうちに、かわいさのあまり、プッと笑いが込み上げてきて、おかげでリラックスできました。

ぜひ、あなたも、あなたなりのお守りを。それは、大切な人の笑顔の写真？　あこがれの気象キャスターの写真？　先に合格した先輩気象予報士から借りてきた鉛筆？　時計？

会場では、音楽を聴いている人や、ずっと耳栓をはめたままの人もいます。あなたも、リラックスできそうなグッズをお供に連れていってくださいね。

前日や当日の心構え

試験前日、大切なのは何より「睡眠」

とうとう、やってきました！　ここまできたら、どんと構えましょう!!

試験前日に最も大切なのは、「睡眠」です。たとえ興奮して眠れなくても横になり、体と脳をきちんと休めてください。脳には、明日フル回転で頑張ってもらわないといけません。十分な力を発揮してもらうためにも、睡眠です。

もし時間に余裕のある方は、事前に試験会場を下見しておくと安心ですね。無理な方は、会場までの公共交通機関の時刻表（平日と土日を間違えないように）などを調べ、時間に余裕をもたせた予定を立てましょう。あとは、荷物を確認して、ゆっくり眠るだけ。

少し稀なケースかもしれませんが、気象予報士仲間の中島俊夫さんは試験前日は友達と遊んで騒いだそうです。その結果は見事合格。後日、「リラックスできたのがよかったのかも」と言っていましたが、疲れてぐっすり眠れたというのも大きかったのかもしれませんね。私の場合は、通える範囲でしたが、あえて近くのホテルに宿泊しました。体力の温存と、子供達から離れて熟睡するためです。私にとっては、これはかなり効果的でした。

そして、試験開始時刻に脳が起きている状態にするためには、試験開始時刻の3時間前には起床して、長丁場に備えて朝食を摂りましょう。シャキッと目覚めるためにも、熱めのシャワー、朝日を浴びる、会場までテンポよく歩くこともおすすめです。

試験当日、会場に着いたら

さぁ、試験当日です。会場には早めに到着できるように行動しましょう。

会場でまず確認していただきたいのは、お手洗いです。経験済みの方はおわかりと思いますが、試験の休憩時間になると、トイレは長蛇の列になります。会場にもよりますが、私はこの列に並び、実技2の試験に、ちょっぴり遅れたことがあります。時間的には、「ちょっぴり」でしたが、休憩時間を有効に使えなかったうえに、時計を見ながらハラハラドキドキして、動揺しました。また、なんとお手洗いが工事中という最悪なこともありました。みなさんには、使用可能な建物の中で、事前にお手洗いを何箇所か確認しておくことをおすすめします。

試験会場によっては、空いているお手洗いを探すなんて無理！　という場合もあるでしょう。その場合は、長蛇の列の、せめて前のほうに並ぶようにしましょう。さっと目を通せるようなメモを持っていくと、時間を有効に使えるかもしれません。細かいようですが、トイレに行き忘れて途中で脂汗を流したというのは、よく聞く話です。

ところで、受験する教室についてですが、学科一般知識から受ける方、専門知識から受ける方、実技のみの受験の方と、それぞれ教室が分かれています。ですから、たとえば専門知識からの受験でも、早めに会場入りして、自分の受験する教室へ入ることが可能なのです。学科が免除されている方は、自分の試験時間まで外で待つ必要はありません。好きな時間に会場入りして、自分の席に座り、雰囲気に慣れておくのもよいでしょう。

そして、先ほどもお伝えしましたが、昼食は持参がおすすめです。「昼休みに近くのコンビニに買い出しにいけばいいや」とか、「食べに出よう」などと考えても、意外と短いですよ！　昼休み。そして、本当に長いですよ！　実技試験。

長丁場の実技試験をふんばり通すためにも、余計な体力を消耗しないようにしましょう。

緊張してても「大丈夫」

さて、会場に入ったら、誰もがやりがちな「この中で合格できるのは、合格率を考えると何人かな」の計算。無駄です。止めましょう。そんな計算をしていると、周りの人たちがなんだかとても賢く見えてきたりします。自分が一握りに入れるのか、不安に襲われるかもしれません。

しかし、実際のところ、誰でも受験できる資格であるため、「受けてみようかな」くらいの軽い気持ちで受験している人たちがかなり含まれていることを知っておきましょう。また、一度だけ受験してあきらめてしまい、再チャレンジしない受験生の割合は、結構高いようです。

そう考えると、「難関資格！」と世間で言われているほど、倍率は高くないのです。それに、あなたは落ち着いて、普段どおりの力を発揮できれば、それでよいのです。周りを気にする必要はありません。

と、頭でわかっていても、本番となるとやはり心はドキドキとする人もいるでしょうね。でも、それでもいいじゃないですか。適度な緊張は、集中力をアップさせてくれます。もし、適度ではなく「過度に」緊張してしまった場合は、「大丈夫。緊張のあまり普段の力の8割しか発揮できなくても、合格ラインに達するだけの力が自分にはある」と考えましょう。焦ったり不安になったりするよりも、肯定的な気持ちでいれば、脳内活性物質ドーパミンが出ます。「大丈夫、大丈夫」と、とにかく前向きに考えてくださいね。

7-2

試験当日の実践的お役立ちテクニック

1 ストーリーを把握しよう

まず問題に目を通そう

試験会場で「それでは始めてください」との合図があったら、まず、問題に目を通し、ストーリーを把握しましょう。資料図にも一通り目を通し、主題テーマもとらえます。

気象予報士試験にはストーリーが存在し、それを把握することが大切であるといわれています。このストーリー、実は、「予報作業」の流れとよく似ています。森を見てから木を見ることが、気象予測の基本であることは、先にもお伝えしました。気象現象には包含関係がありますから、小さな現象は大きな場によって生じやすい条件が作られているのです。ですから、解析作業は大規模場から順に、次第に小さな場に視線を移していきます。

気象予報士試験の場合も同様です。まず問1では穴埋め形式で総観場について問われることが多くなっています。テレビの天気予報の「まず概況です」という部分が問1にあたります。そして、その後の設問は、さまざまな資料予想図を使って予想を立てる作業にあたることが多く、徐々に枝分かれしていきます。この枝にあたる部分は、主題となるテーマによってポイントが異なります。

テーマをとらえよう

たとえば、主テーマが「日本海低気圧」であるとします。

この場合も、まず、総観規模から見ていきます。低気圧の中心位置や気圧、対流圏中・上層のトラフやリッジ、ジェット気流などを把握します。この段階だけをとっても、問題としてはさまざまなパターンが考えられます。ジェット気流の解析、トラフやリッジの解析・追跡、前線などの解析・予想、低気圧のライフサイクルのステージの判断などなど……。

予想する

そして次に、予想をしていきます。日本海低気圧の場合、日本列島が暖域内に入るため、南寄りの強風が吹き荒れ、全国的に大荒れの天気が予想されます。これに伴って、北日本では暴風・大雨に、日本海側ではフェーン現象に、寒冷前線の通過時には、シビアな気象現象に警戒する必要があります。こうした主テーマ特有の、解析時のポイントとなるべき特徴が、さまざまな形の設問となるわけです。これが枝の部分になります。

問題としては、北日本や日本海側などの天気予報や、山越え気流に関するエマグラムを使っての問題、寒冷前線を解析させる問題、時系列図やウインドプロファイラと寒冷前線に関する問題、雲画像に関する問題、防災上注意すべき現象について答えさせる問題などなど、ここでもまた、さまざまな形の設問が考えられます。

みなさんには、常に出題者の視線で問題を作成してみることやバリエーションを考えてみることをおすすめしてきました。一つのテーマからさまざまなストーリーが作成可能であることは、もう想像できますよね。「概況は穴埋めに、予報は文章題で、解析能力は作図で、学科的な理解度は選択式で」などと問題全体のバランスを考えて出題形式が工夫されているだけで、ストーリーの展開自体は、予報業務に携わる者が、日々の予報作業で行う流れそのものなのです。

日頃から、資料図に慣れ親しんで、概況や予報文を書く練習をし、自分の手で解析を繰り返してきたのですから、どのような問題に直面したとしても、うろたえないでください。

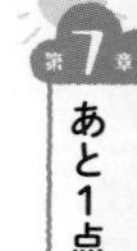

2 どこから解くか決めよう

全体像からスタート地点を判断

「実技試験の壁は厚いといわれているし、過去問題を解けるようになったところで、新しい問題に出会ってどこまでたちうちできるか不安…」という方もいらっしゃるかもしれません。しかし、学科的な知識があり、気象現象の構造や概念をしっかり理解していれば、何を聞かれているのかピンとくるものです。

テーマとストーリーの把握ができれば流れや全体像が見えますから、問題を一から解き始めるときの手助けになってくれることも多いものです。次の設問が前の問題のヒントになっている場合も多々あります。

問題に取りかかる前に、一通り問題と資料図に目を通し、全体像をつかんだら、どこから解き始めるか、ざっくりと判断しましょう。

ストーリーとして流れがある設問は、流れに沿って解いていきましょう。

独立した設問もある

波浪の問題などは、先に解いてしまっても構わないと思います。ストーリーなどの流れの中で解かなくても解答できるような、独立した設問がときどきあるのです。最初から解いて、時間切れになってしまってから、最後の設問を見ると、とても簡単に解ける独立した問題だったというのは、ときどきあることです。時間との勝負でもある気象予報士試験では、どの問題から解けばよいかの見極めが合否の分かれ目となることも、覚えておきましょう。

ストーリーが存在する問題の場合は、流れに沿っていくのが無難です。逆に、時には、後回しにしても流れに支障のない英文訳の問題であったり、あとの設問と関連性のない計算問題であったりすることもありますから、時間がかかりそうな問題を後回しにしたほうがよい場合もあります。

流れに乗る？　最初に解く？　後回しにする？

冷静な判断をするためにも、最初に「全体像」の把握ですよ！

3 表現に注意しよう

専門用語以外の迷いやすい表現に注意

ここで、気象の専門用語ではなく、もっと基本的な表現について考えてみたいと思います。

よく穴埋め問題などで、「安定度は(　　)くなり」などという出題がありますね。迷わず書ける問いもありますが、「えっと、良い・悪いかな、それとも、大きい・小さいかな」と迷ってしまうこと、ありませんか？

このような、ちょっと迷ってしまいそうな言葉を整理してみました。良い悪い、大小、どちらでも間違いではない場合もありますが、基本的には、次のような表現が好ましいようです。

▼好ましい表現

・安定度	大きい	⇔	小さい
・安定性	良い	⇔	悪い
・気温	高い	⇔	低い
・気温傾度	大きい	⇔	小さい
・気圧	高い	⇔	低い
・気圧変化	上昇	⇔	下降
・湿度	高い	⇔	低い

・湿数	大きい	⇔	小さい
・風速	大	⇔	小
・風	強い	⇔	弱い
・高度	高い	⇔	低い
・高度変化	上がる	⇔	下がる
・波	高い	⇔	低い
・移流	強い	⇔	弱い

断言は避ける

そのほか、表現上、気をつけたい点としては、気象の世界に関しては、あまり断定的な表現をしないほうが、かえって正確な場合が多いということです。

たとえば、「安定度に変化がない」と言い切るよりは、「大きく変わらない」「ほとんど変わらない」「あまり変化がなく」などと表現したほうがよいのです。

なぜなら、気象の世界は誤差が含まれるのが普通で、断定できるほどには精度がよくないからです。同じく、「山地に正対」よりは「山地にほぼ正対」、「見られなくなる」よりは「不明瞭になる」など、断言しない表現のほうがよいでしょう。断言しないほうが、むしろ正しいのです。最近は、断定的な表現をしている解答例も増えてきている気がしますが、「ほぼ」とつけたからといって不正解になるものでもないと思います。断言する際は、よっぽどはっきりと資料から読み取れる場合のみにしておきましょう。

表現は細かいところまで意識して

うっかり間違えてしまいがちな表現もありますから注意しましょう。

たとえば、500hPa天気図で、周囲より低く閉じた等高度線があることを、通常「低気圧」と呼んだりしていますが、正しくは「低高度場」です。等値線が気圧ではなく、高度であるからです。

また、等温線が閉じていれば、「暖気核・寒気核」と表現しますが、等温線が閉じていない場合は、「周囲より高温・低温」と表現しましょう。

等圧線の場合は、「気圧の谷」「気圧の尾根」と表現しますが、等値線が同じような形をしていても、その等値線が気圧の変化量を示している線であれば、気圧の谷という表現ではなく、気圧の「下降」が明瞭、気圧の「上昇」が明瞭という表現になります。

ドライスロットに関しても、「雲のない領域」ではなく、「雲の少ない領域」や「晴天領域」と表現します。

また、500hPaで見られる強風軸を「ジェット気流」と書く方も多いようですが、ジェット気流は、さらに上空にある場合が多いので、「強風軸」のほうがよいでしょう。

方位に関しては、低気圧の移動方向などは16方位、天気予報などの風向は8方位で表現するなど、決まりがありますので注意しましょう。

このように見ていくと、ちょっと細かいようですが、「たかが1点、されど1点」。正しい表現で、解答用紙を埋めていきましょう！

4 聞いて得する「採点方法」

採点はキーワードに対する累計方式

気象予報士試験において、配点は公表されるようになりましたが、採点方法はまだ公表されていません。私は試験業務の関係者ではありませんので、断言はできないのですが、見聞きした限りの情報をお伝えしましょう。

これまで、解答例とその配点から、必要なキーワードを拾い出す作業を続けてきましたから、みなさんも大体の推定はできるようになってきたと思いますが、気象予報士試験の採点方法は、「キーワード１つに対し何点」という計算での累計方式です。

自己採点では大丈夫だと思っていたのに、なぜか届くのは不合格通知……という方は、必要なキーワードが足りず、思ったほど点数が重なっていないことが多いようです。

また、気象予報士試験は高得点での合格者が少なく、合格ライン周辺にたくさんの受験生がひしめいているようです。

細かなミスも、積み重なれば大きな失点です。採点方法を知ることで、点の取りこぼしを少なくしましょう！

ここからは採点上の細かい話になりますが、合格をゲットするためには大切な事柄ですから、覚えておいてくださいね。

誤字に注意 ―― 自信がないなら平仮名で

採点者は、誤字解答をみて「こう書きたかったのだろう」などと気持ちを汲んでくれることはありません。自信がない場合は、平仮名で書きましょう。漢字に自信がないからといって、ふりがなを振る方もいらっしゃるかもしれませんが、その場合はどちらかが間違っていると得点にはならないようです。自信がないときは、潔く、平仮名にしましょう。

また、自信がないときに、「○○（○○）」などと、括弧づけの解答を書きたい衝動にかられるかもしれません。しかし、複数回答は認められないようです。

送り仮名のケアレスミスに注意

それから、意外とみなさんが注意されていないように思われるのが、送り仮名です。

たとえば、穴埋めなどの中で、「小さくなり」という文を完成させたいところを、「(____)くなり」という問題文になっているとしましょう。解答欄に書く文字は何でしょう？　「小さ」の２文字ですね。これをうっかり、「小」「小さく」と書いてしまわないように注意しましょう。穴埋めに入れたとき、正しい文になることが求められているのです。気象の知識の有無と関係のないところで、点をポロポ口と落としていくのは避けたいところ。気をつけてください。

気象用語は漢字も練習しておこう

近年の試験では、「漢字で書きなさい」と指定されることがあります。よく使う気象用語は、漢字で書けるようにしておきましょう。

たとえば、ちこうふう、へいそくぜんせん、けいあつふあんていは、ぎょうけつ、ゆうかい、しょうか、ろてんおんど、だんねつぼうちょう、だんねつしょうおん、など、よく使う用語を正しく漢字で書けますか？

漢字にすると、地衡風、閉塞前線、傾圧不安定波、凝結、融解、昇華、露点温度、断熱膨張、断熱昇温ですね。ここであげた例は、用語のほんの一部ですから、試験前には、ざっと参考書を見直して、大切な用語を漢字で書けるか、確認しておきましょう。

頻出地名や地方名なども、漢字で書けるようにしておくと安心です。

作図などは採点の許容範囲がある

さて、採点に関する細かな注意点はこのくらいにして、気象予報士試験独特の採点方法がいくつかあるので、お伝えしておきましょう。

作図などの場合、正式解答例にピッタリ合ったものでなければ得点はないのでしょうか？　いえいえ、許容範囲というものが存在するようです。前線などの描画の場合は、緯度1度分くらいのズレは認められるなど。等圧線などの描画も、少し幅があるようです。

しかし、描画の場合、問題文に「点線で」「実線で」「記号を含めて」等と指定があるのを読み落とし、違う表現にしてしまった場合は、減点となりますので注意しましょう。気圧や温度などの値の書き忘れも意外に多いようです。気をつけてください。

答えと理由、両方正解してはじめて得点になる問題も

また、選択問題とその理由などがセットになっている問題も、よく見られます。令和3年度第1回（56回）の実技試験1問4（5）ではこのような問題がありました。

[過去問] [56回] 令和3年度第1回　実技試験1問4

(5) 図13の鹿児島の時系列図を用いて、以下の問いに答えよ。

① 図6、図8を参考にして、温暖前線が通過した時刻を答えよ。また、その理由を、風、気温に言及して30字程度で述べよ。ここで、「通過した時刻」とは、この図において前線が通過したと判断される最初の時刻とする。

② 寒冷前線が通過した時刻を答えよ。また、その理由を、風、気温に言及して30字程度で述べよ。ここで「通過した時刻」とは①と同様に判断した時刻である。

解答例　①時刻：21時0分
理由：南南東の風が強くなり、急な気温の上昇が止まったため。
②時刻：22時0分
理由：風が南南東（南南西）から西に時計回りに変化し、気温が急下降したため。

解説

この問題は鹿児島の時系列図を用いて、温暖前線と寒冷前線が通過した時刻を理由も含めて答える問題です。配点は（5）①と②の全体で12点であるため、①と②は単純に考えて6点ずつの配点になります。そして、時刻と理由にそれぞれ何点という採点ではありません。両方答えられて①と②はそれぞれ6点なのです。なぜなら、時刻は勘でも答えられる可能性があるために得点性はなく、理由もきちんと書けて、ようやく得点になるのです。

気象予報士試験には、しばしば、このようなセット問題が登場します。両方正解で何点と配点が決まっている問題です。

自己採点などの場合、「理由は書けなかったけれど、寒気移流は書けたから2点ぐらいはもらえるかな」と採点しないように気をつけましょう。もちろん、受験の際もセット得点問題であることを意識しながら、解答を作成してください。

セット問題の例を、もう一つあげておきましょう。令和元年度第2回（53回）の実技試験2問3（2）では、まず①は3択で、アイウから一つ選んだあと、その理由を②で記述するというセット問題がありました。配点は7点となっていますが、この場合も、①②の両方正解で7点となるでしょう。

5 効果抜群！　指差し確認解答法

何を答えるのかを正確に把握する

何度も繰り返しますが、解答の際、いちばん重要なのは、「何を答えよ」と言っているのかを正確に把握することです。そこでおすすめしたいのが、指差し確認解答法です。

まず、問題文に指定されている資料図等を見やすい位置に置きます（不必要な資料図をクリップでまとめ、じゃまにならないところに置いておきましょう）。

そして、ポイントはここ！　左手で常に「問題文」を指差しながら、右手で解答欄を埋めていくのです。

なぜ、このような方法をお勧めするのかというと、ざっと問題文を読んだだけで問題を脇に置き、指定された資料図とにらめっこしながら、解答欄を埋めていく方法では、出題の意図からズレた解答になってしまうことが多々あるからです。

よく勉強した人ほど、指定された天気図から読み取れる情報量は多く、あれもこれも書きたくなり、どれもこれも解答に必要な気がしてきたりしがちです。

問題文とにらめっこする

同じ資料図から問題を作成するにしても、何を答えさせようとするかで、出題パターンは何通りにもなりますね。必要なキーワードも異なって当然です。ですから、にらめっこすべきなのは、資料図より問題文です（資料図を正確に読み取る力は当然ながら必要ですが……）。

資料図は見やすい状態にして確認しつつ、問題文の大切なところを指差し確認して、何を聞かれているのか、何を記述すればよいのかをしっかりと把握しながら、解答欄を埋めていきましょう。

指差しに代わる方法としては、マーカーペンの活用もあります。問題文の大切な部分に、サッとマーカーで色を塗るのです。それでもよいでしょう。

ただ、人間は尖ったものの先に意識を集中させる習性があるため、この指差し確認解答法、集中力を持続するのにも、問題文の重要な部分に注目するのにも、大変有効なのだそうです。何の道具もいらず、すぐ実行できて、ケアレスミスを防ぐ効果もあります。ぜひ、お勧めしたい方法です。

「何を答えよ」なのかを指先が常に示してくれることで、出題の意図からズレた解答を書いてしまう危険を回避できます。つい余計なことを書いてしまうことも、少なくなりますよ。

騙されたと思って、ぜひ！　ぜひ!!

6 頭の中に見直しチェックリストを

合格ラインは70点前後

気象予報士試験、実技試験の合格ラインは70点前後。

気象のプロでも見解が分かれるようなグレー問題が10点分ぐらい含まれると割り切ると、目指すところは、90点満点の75点ぐらいでしょう。70点ギリギリでは怖いので、プラス5点あたりを目指したいですね。

この5点、試験終了後、意外と「あ〜、このケアレスミスがなければ……」というように、簡単なところで落とした点数が痛手となったりするものです。ケアレスミスは避けたいですね。

チェックリストでケアレスミスを防ぐ

しかし、解答用紙をいったん仕上げてしまったあとに自分のミスを発見するというのは、結構至難の業なのです。そこで、私は頭の片隅にいつも「見直しチェックリスト」を入れておいて、客観的にチェックをしていました。次ページの表は、見直しチェックリストです。

▼見直しチェックリスト

☑	＋、－符号のつけ忘れ
☑	単位
☑	領域Aや領域Bなど、解答欄の対応間違い
☑	前線の記号は？
☑	実線、点線、波線
☑	等値線描画の「値」の書き忘れ
☑	送り仮名
☑	有効数字
☑	作図、低圧部、低温部（高圧部、高温部）
☑	計算ミス
☑	時間軸（右→左、左→右）

補足すると、たとえば、天気図から上昇流の値（鉛直p速度）を読み取るときにうっかりマイナスの符号をつけ忘れてしまったり、渦度の読み取りで「10の－6乗」を書き忘れてしまったり、というケアレスミスは絶対に避けましょう。

解答欄も、正しい箇所に記入しているか確認しましょう。A、Bの順で書くところを、B、Aと逆に書いていないか、などです。

低気圧からのびる前線などを記入させる問題では、前線記号を含めて描く場合と実線のみ描く場合があります（記号を含めての場合は基本的なことですが、寒冷前線、温暖前線、閉塞前線などの記号を正しく書けるようにしておきましょう）。せっかく前線解析を正しくできていても、「実線で記入せよ」とあるところを、ていねいに前線記号まで含めて描いてしまうと、減点されてしまいます。もったいないですよね。

また、記入範囲が指定されていることもあります。緯度何度から何度までなど、指定がある場合はその範囲を守りましょう。

前に述べた、指差し確認解答法にもつながりますが、一生懸命に資料図とにらめっこをしているうちに、作図や解析に夢中になり、「できた！」と自信たっぷりに範囲をはみだして描いていたり、不必要な記号まで含めていたり、逆に書き忘れていたりというのはよくあることです。

等圧線を記入する作図などでは、線を描いたところで満足してしまい、どの線が何hPaであるかという「値」を書き忘れるというのも、ありがちなミスです。

そのほか、採点方法の項にも書きましたが、穴埋め問題で、「(　　　　)く」とあったとき、文脈から「高く」であることが読み取れた場合、解答欄に書くのは、カッコ内に入る、「高」のみです。「く」まで含めて書いてしまったりした場合、点数はもらえません。送り仮名にも気をつけましょう。

有効数字もケアレスミスしやすいところです。たとえば、気温が2.0℃から5.0℃に変化したとしましょう。「気温の変化量を有効数字2桁で答えよ」という場合、「＋3.0℃」が正解です。うっかり「＋3℃」としないでくださいね。

自分のクセもチェックリストに加えて

加えて、これは私のクセですが、作図で低圧部などの閉じた線を描いた場合、一本丸を描いたところで安心してしまうところがあります。しかし、閉じた線の中に、さらに何本か、ぐるぐると丸を描くことが必要な場合もあります。気をつけましょう。

さらに、これも私のクセですが、天気図から気圧を読み取る場合、「153」という数字を気圧に直す場合、正しくは「1015.3」であるところを、なぜか「1115.3」と書いてしまうのです。

自分が頻繁にやってしまうクセに気づいている方は、チェックリスト項目を一つ増やして、頭の片隅に置いておいてください。

時間軸も要注意。時間の経過が右から左だったり、左から右だったりしますから、読み取り間違いをしないように注意しましょう。

合格ラインギリギリのところで1点に泣く……なんて嫌ですよね。見直しチェックで、運命の1点をゲットしてください！

さぁ、最後まで、粘りに粘って、『合格』を勝ち取りますよ!!

索引

◀記号・英数字▶

◀あ行▶

◀か行▶

◀さ行▶

◀た行▶

◀な行▶

◀は行▶

【参考文献】
『一般気象学（第 2 版）』小倉義光著、東京大学出版会、1999 年
『気象予報士試験 模範解答と解説（1 ～ 58 回）』天気予報技術研究会編、東京堂出版、1994 ～ 2022 年
『天気予報のつくりかた』下山紀夫・伊藤譲司著、東京堂出版、2007 年

【資料提供】（本文中の衛星画像・天気図など）
気象庁

【試験問題提供】
一般財団法人 気象業務支援センター

おわりに

気象予報士になったら何がしたいですか？

その先にどんな人生を描いていますか？

私が気象予報士になってから20年近くが経とうとしています。振り返ってみれば、試験の合格は単なる通過点。狭き門を突破したその先に待っていた世界はとても広く豊かでした。多くの気象予報士仲間にも出会うこととなりましたが、気象キャスターとして活躍している人もいれば、気象会社で予報業務に携わる、山登りなどの趣味に活かす、受験生のサポートをする、民間企業などの細かなニーズに合わせて情報を提供する、地球温暖化防止を伝えるために全国を飛び回るなど、それぞれにさまざまな分野で活躍されていました。

私はといえば、元アナウンサーの経験を生かし、気象キャスターの卵さんたちに、気象解説のポイントや、話す技術を伝えさせて頂く機会もあり、デビューして活躍される姿を見守るのも楽しいものでした。受験生だった頃には想像していなかった世界を味わうことができたのです。

合格までの道のりはそれなりに長かったり険しかったりすると思います。そんな時は、合格の先を想い描き、楽しみながら進んでみてくださいね。

繰り返しになりますが、気象予報士試験の合格は、努力次第で手が届きます。私も気象予報士講座の講師をしていたころに、「諦めなかった人が合格するのだ」という現実を、何度もこの目で見させて頂きましたから。

コツコツ。とにかくコツコツ。積み重ねていけば届きます。

『雨垂れ石をも穿つ』です！！

自分を信じて、一歩一歩前に進んでいきましょう。

この本があなたのお役にたてることを願っています。

そしてあなたと気象予報士仲間として出会える日を、楽しみにしています。

財目かおり

◉著者プロフィール

財目かおり（ざいめ・かおり）

気象予報士

1969年生まれ。金沢大学卒業後、北陸放送アナウンサーに。
アナウンサー時代に、気象予報士試験にチャレンジしてみたものの、難しさと忙しさで即挫折。結婚後、一男一女に恵まれ、二児の母となる。専業主婦となり子育てに奮闘しつつも、一念発起。アナウンサー時代に山盛り買い込んだものの埃をかぶっていた参考書を再び引っぱりだしてきて、勉強再開。1年半後、24回（平成17年度第1回）気象予報士試験に合格。
合格後は、日本気象協会に勤務し、気象解説業務に携わる。インターネットストリーミング動画や、NHKラジオ、文化放送、NHK千葉放送局などで、気象解説を担当。気象予報士講座・気象キャスターの講師を務めてきた。

中島俊夫（なかじま・としお）

気象予報士

1978年生まれ。2002年、気象予報士資格を取得。その後、大手気象会社や気象予報会社で予報業務に携わるかたわら、資格学校で気象予報士受験講座の講師も務める。現在は個人で気象予報士講座「夢☆カフェ」を運営。著書に『気象予報士かんたん合格解いてわかる必須ポイント12（技術評論社）』『イラスト図解よくわかる気象学』シリーズ（ナツメ社）など。2021年NHK連続テレビ小説「おかえりモネ」で助監督（気象担当）を務める。

■ **ご質問について**

ご質問前にP.2に記載されている事項を必ずご確認ください。
本書の内容に関するご質問は、弊社ホームページからお送りください。また、ご氏名・ご連絡先、書籍タイトルと該当箇所を明記の上、下記の宛先までFAXまたは書面にてお送りいただくこともできます。
お電話によるご質問および本書に記載されている内容以外のご質問には、一切お答えできません。あらかじめご了承ください。

ホームページ：https://gihyo.jp/book　FAX：03-3513-6183
住所：〒162-0846 東京都新宿区市谷左内町21-13
株式会社技術評論社　書籍編集部　「気象予報士かんたん合格ガイド」質問係

なお、ご質問の際に記載いただいた個人情報は、質問の返答以外の目的には使用いたしません。また、質問の返答後は速やかに削除させていただきます。

■ 訂正・追加情報に関しては以下のURLにてサポートいたします。
https://gihyo.jp/book/2023/978-4-297-13287-3/support

◆カバーデザイン……………………… 下野ツヨシ（ツヨシ＊グラフィックス）
◆カバーイラスト……………………… 金井 淳
◆本文デザイン・DTP……………… 田中 望（Hope Company）
◆編集……………………………………… 佐藤民子

気象予報士かんたん合格ガイド

2023年 3月 7日　初 版　第1刷発行
2024年 7月 17日　初 版　第2刷発行

著 者　財目かおり、中島俊夫
発行者　片岡 巌
発行所　株式会社技術評論社
東京都新宿区市谷左内町21-13
電話 03-3513-6150 販売促進部
03-3513-6166 書籍編集部
印刷／製本　日経印刷株式会社

定価はカバーに表示してあります。

ISBN978-4-297-13287-3 C3044
Printed in Japan